养鸡防疫
消毒技术指南

李连任 主编

中国农业科学技术出版社

图书在版编目（CIP）数据

养鸡防疫消毒技术指南 / 李连任主编 .—北京：中国
农业科学技术出版社，2015.6
ISBN 978-7-5116-2114-6

Ⅰ.①养… Ⅱ.①李… Ⅲ.①鸡病—防疫—指南②养
鸡场—消毒—指南 Ⅳ.① S858.31-62

中国版本图书馆 CIP 数据核字（2015）第 116160 号

责任编辑　张国锋
责任校对　李向荣

出 版 者　中国农业科学技术出版社
　　　　　北京市中关村南大街 12 号　邮编：100081
电　　话　（010）82106636（编辑室）（010）82109702（发行部）
　　　　　（010）82109709（读者服务部）
传　　真　（010）82106631
网　　址　http://www.castp.cn
经 销 者　各地新华书店
印 刷 者　北京富泰印刷有限责任公司
开　　本　850mm×1168mm　1 /32
印　　张　3.75
字　　数　106 千字
版　　次　2015 年 6 月第 1 版　2015 年 6 月第 1 次印刷
定　　价　14.00 元

编写人员名单

主　编　李连任

副主编　马祥群　王立春

编写人员

李连任　马祥群　武玉艳　李　童

刘　建　刘　滨　刘　鹏　季大平

李长强　宋富华　王立春

前　言

　　疾病控制一直是影响养鸡业发展的重要因素。当前，鸡病特别是传染病多发且难于治疗，已经成为令广大养殖场（户）十分头痛的难题，严重影响了养鸡业的健康可持续发展。人们不禁要问：为什么现在鸡病难治疗？

　　控制鸡病的手段多种多样，药物预防和治疗至关重要，但消毒防疫、疫苗接种更是不可忽视。现实生产中，有些养殖户平时工作做得不细，思想上麻痹大意，认为做疫苗就是防疫工作的全部；过分依赖疫苗的心理比较普遍，选购疫苗时不加分析，往往喜欢买廉价苗；不根据疫情需要使用疫苗，恨不得把所有听说过的疫苗全部打遍才能放心；一听说哪里发现了新疫情，不管自己鸡场的实际情况，就心急火燎地打听相应的疫苗；免疫措施不合理，该用灭活苗的时候，可能用了活苗，该用弱毒苗的时候，可能用的是中等毒力苗，不该用苗的时候用了苗，该用苗的时候又没有用苗，结果疫苗是用上了，但鸡照样得病，常常大批死亡。闲时能贯彻消毒制度，一到农忙就不再认真消毒，根本不顾及后果；有时则是鸡无病不消毒，得病后手忙脚乱地乱消毒，不停地消毒，药物浓度、消毒密度都超出了常规，不合理的消毒制度，给鸡群带来了更多的发病机会，让养殖工作步履艰难。

为了提高养鸡场户消毒防疫的技术水平，远离疫病困扰，我们组织编写了《养鸡防疫消毒技术指南》这本小册子，面向广大基层养殖场户和技术服务人员，用通俗易懂的语言，深入浅出地介绍了鸡场防疫、消毒的相关知识。内容全面具体，科学实用，易懂易学。

鉴于编者水平有限，不妥之处在所难免，恳请广大读者在使用过程中不吝指正。

编　者

2015 年 4 月

目 录

第一章
◆◆◆ 消毒基础知识 ▶▶▶

第一节 消 毒

一、概念

微生物是广泛分布于自然界中的一群个体难以用肉眼观察的微小生物的统称，包括细菌、真菌、霉形体、螺旋体、支原体、衣原体、立克次体和病毒等。其中有些微生物对畜禽有益，如乳酸菌、酵母菌、光合菌等，是畜禽正常生长发育所必需；另一些则是对动物有害的病原微生物或致病微生物，如果病原微生物侵入畜禽机体，不仅会引起传染病的发生和流行，也会感染皮肤、黏膜（如鼻、眼等）等部位。可引起人和畜禽多种传染性和流行性疾病，不仅可造成大批畜禽的死亡和畜禽产品的损失，某些人畜共患疾病还能威胁人的健康。病原微生物的存在，是畜禽生产的大敌。

随着集约化畜牧业的发展，预防畜禽群体发病特别是传染病，已成为现阶段兽医工作的重点。要消灭和消除病原微生物，必不可少的办法就是消毒。

消毒是指用物理的、化学的和生物的方法杀灭物体中及环境中的病原微生物，而对非病原微生物及其芽孢（真菌孢子）并不严格要求全部杀死。其目的是预防疾病的发生、传播和蔓延。

消毒是预防疾病的重要手段，它可以杀灭和消除传染媒介上的病原微生物，切断疾病传播途径，达到预防和消灭疾病的目的。

若将传播媒介上所有微生物（包括病原微生物和非病原微生物

及其芽孢、霉菌孢子等）全部杀灭或消除，达到无菌程度，则称灭菌，灭菌是最彻底的消毒。对活组织表面的消毒，又称抗菌。阻止或抑制微生物的生长繁殖叫作防腐或抑菌，有的也将之作为一种消毒措施。杀灭人、畜体组织内的微生物则属于治疗措施，不属于消毒范畴。

近年来，微生物学、流行病学、生物化学等学科迅速向纵深发展，为消毒工作提供了理论基础和新的要求。此外，物理与化学新技术的发展也给消毒药物、器械与方法的更新提供了条件。从而，有关消毒的理论与技术不断得到充实，已形成了一门独立学科。消毒学的形成与发展，不仅在卫生防疫工作上具有重要意义，而且对食品工业、制药工业、生物制品工业以及物品的防腐、防霉等方面也都起到了应有的作用。

二、消毒的意义

当前饲养成本不断上升，养殖利润不断缩水。这种情况，除了饲料原料、饲料、人力成本增加等因素外，养殖成活率低、生产性能差也是最主要的因素之一。因此，增强消毒意识，加强消毒管理，提高成活率及生产性能，是养殖者亟须注意的问题。

1. 消毒是性价比最高的保健

鸡密集型饲养成功的关键是保证其健康，特别是要预防传染病。密集型饲养一旦发生传染病，极易全群覆灭。所以，必须采取措施预防传染病。消毒工作是其中最重要的一环，鸡病治疗则是不得已而采取的办法，对此不用特别强调，因为鸡的疫病多由病毒引起，无药可治，细菌引起的疾病虽有药可治，但增加了养鸡成本。因此，预防传染病是关键，消毒工作又是预防传染病发生的重要措施之一。鸡发病的可能性随饲养密度的增加而增加。

病原体存在于畜禽舍内外环境中，达到一定数量，具备了一定的毒力即可诱发疾病；过高的饲养密度会加快病原体的聚集速度，增加疾病感染机会；疾病多为混合感染（合并感染），一种抗生素不能治疗多种疾病；许多疾病尚无良好的药物和疫苗；疫苗接种后，抗体产生前是疾病高发的危险期，初期抗体效力低于外界污染程度时，降低外界病原体的数量可减少感染机会。

通过环境消毒，可杀菌、杀毒，杀灭体外及其环境存在的病原微生物。消毒可以减少药物使用成本，并无体内残留的问题。所以消毒是性价比最高的保健。

2. 预防传染病及其他疾病

传染病是由病原体引起的能在人与人、动物与动物或人与动物之间相互传播的一类疾病。病原体中大部分是微生物，小部分为寄生虫，寄生虫引起者又称寄生虫病。传染病的特点是有病原体、传染性和流行性，感染后常有免疫性。其传播和流行必须具备3个环节，即传染源（能排出病原体的畜禽）、传播途径（病原体传染其他畜禽的途径）及易感畜禽群（对该种传染病无免疫力者）。完全切断其中的一个环节，即可防止传染病的发生和流行。其中，切断传播途径最有效的方法是消毒、杀虫和灭鼠。因此，消毒是消灭和根除病原体必不可少的手段，也是兽医卫生防疫工作中的一项重要工作，是预防和消灭传染病的最重要的措施之一。

3. 防止群体和个体交叉感染

在集约化养殖业迅速发展的今天，消毒工作已成为养鸡生产过程中必不可少的重要环节之一。一般来说，病原微生物感染具有种的特异性。因此，同种间的交叉感染是传染病发生、流行的主要途径。如新城疫只在禽类中传播流行，一般不会引起其他动物或人的感染发病。但也有些传染病可以在不同种群间流行，如结核病、禽流感等，不仅引起禽类患病，还可感染人。

鸡病一般可通过两种方式传播，一种是鸡与鸡之间的传播，称为水平传播，包括接触病鸡、污染的垫料垫草、有病原体的尘埃、与病鸡接触过的饲料和饮水，还可通过带病原体的野鸟、昆虫等传播，如新城疫、禽流感、禽霍乱、马立克氏病等；另一种是母鸡将病原体传播给后代，称为垂直传播，如禽白血病、鸡白痢等。因此，防止交叉感染的发生是保证养鸡业健康发展和人类健康的重要措施，消毒是防止鸡个体和群体之间交叉感染的主要手段。

4.消除非常时期传染病的发生和流行

鸡的疫病水平传播有两条途径，即消化道和呼吸道。消化道途径通常是指带有病原体的粪便污染饮水、用具、物品，对饲料、饮水、笼舍及用具的污染；呼吸道途径主要通过空气和飞沫传播，指被感染动物通过咳嗽、打喷嚏和呼吸等将病原体排入空气和污染环境中的物体。非常时期传染病的流行主要就是通过这两种方式，对空气和环境中的物体消毒具有重要的防病意义。动物门诊、兽医院等地方也是病原微生物比较集中的地方，做好这些地方的消毒工作，对防止动物群体之间传染病的流行也具有重要意义。

5.预防和控制新发传染病的发生和流行

近年来，我国养鸡业蓬勃发展，同时，一些疫病也随之流行，不但国内一些原已存在的疫病，如大肠杆菌病、沙门氏菌病、禽霍乱、新城疫等广泛流行，一些国外的疫病，如传染性法氏囊病、减蛋综合征等也随着新品种的引进而带至国内。由于对禽病的预防和消毒工作没有及时开展，给养鸡业造成了巨大的经济损失。有些疫病，在尚未确定具体传染源的情况下，对有可能被病原微生物污染的物品、场所和动物体等进行的消毒（预防性消毒），可以预防和控制该病。同时，一旦发现新的传染病，要立即对病鸡的分泌物、排泄物、污染物、胴体、血污、居留场所、生产车间以及与病鸡及其产品接触过的工具、饲槽以及工作人员的刀具、工作服、手套、胶鞋、病鸡通过的道路等进行消毒（疫源地消毒），以阻止病原微生物的扩散，切断其传播途径。

6.维护公共安全和人类健康

养殖环境不卫生，病原微生物种类多、含量高，不仅能引起禽群发生传染病，而且直接影响到禽产品的质量，从而危害人的健康。从社会预防医学和公共卫生学的角度来看，兽医消毒工作在防止和减少人禽共患传染病的发生和蔓延中发挥着重要作用，是人类环境卫生、身体健康的重要保障。通过全面彻底的消毒，可以阻止人禽共患病的流行，减少对人类健康的危害。

三、消毒的分类

（一）按消毒性质分类

1. 物理性消毒

指通过机械清洗、通风换气、阳光（紫外线）照射、热力灭菌等物理方法，对鸡舍环境和所用物品中的病原体进行清除或杀灭的消毒方法。常用于养鸡场的场地、舍内设备、卫生防疫器具和用具的消毒。

（1）清洗消毒法　以清扫、冲洗、洗擦等手段达到清除病原体的目的，是最常用的一种消毒方法，也是日常的卫生工作之一。清扫、洗刷等可以除去圈舍地面、墙壁以及动物体表被毛上污染的粪便、垫草、饲料等污物。随着这些污物的清除，大量的病原体也随着被清除。清扫出来的污物不能随意堆放，应进行堆沤发酵、掩埋、焚烧或用药物消毒处理。此法虽然能清除大量的病原体，但不能彻底消毒，必须配合其他消毒方法使用，才能将残留的病原体消灭干净。

鸡舍的清理、冲洗及消毒工作是一项复杂的系统工程，在实施清洗消毒前，要制定一个科学、合理的消毒程序。制定程序时，要因地制宜，既全面、细致，又要考虑重点；既考虑集中性工作，又要考虑交叉性工作；尽可能减少重复性劳动，尽量避免交叉感染，最大限度减少设备的损坏和丢失。并根据任务期限、人员数量、工具特性等科学、合理地安排整个清理、冲洗及消毒过程。

特别值得注意的是，当一批鸡被淘汰，在下一批鸡入舍之前，鸡舍的清洗消毒更加严格，其程序和清洗要求如下。

① 程序的实施。

控制昆虫：昆虫是疾病重要的传播媒介，必须在其移居于木制品或其他物品之前，将其杀灭。当蛋鸡淘汰后，鸡舍仍较温暖，应该立即在垫料、鸡舍设备和鸡舍墙壁的表面喷洒杀虫剂；或者选择在鸡淘汰前2周在鸡舍使用杀虫剂。第二次使用杀虫剂应在熏蒸消毒前。

清扫灰尘：所有的灰尘、碎屑和蜘蛛网必须从风机轴、房梁、开放式鸡舍卷帘内侧、鸡舍内的凸处和墙角上清扫掉。最好用扫帚扫掉，这样灰尘就可以降落到垫料上。

预加湿：在清理垫料和移出设备之前，应该从鸡舍顶部到地面用便携式低压喷雾器喷洒消毒剂，从而使尘埃潮湿沉降下来。在开放式鸡舍，应先封闭卷帘。

移出设备：所有的设备和设施（饮水器、料槽、栖息杆、产蛋箱、分隔栏等）应从鸡舍内移出（注意，在移出产蛋箱之前，应事先将蛋窝内的垫料掏尽），并放在舍外的混凝土地面上。而不应把自动集蛋设施或鸡舍不易移动的设备移到鸡舍外。拆走温控器、时间控制器、电压调节器、风机电机、电灯泡等不易或不能冲洗消毒的物品，由专人（如电工）进行除尘、维护保养以及熏蒸消毒等，并放入指定的库房隔离保管。

② 不同地方的清洗。

清除鸡舍内粪便和垫料：清除鸡舍内所有的粪便、垫料和碎屑，拖车和垃圾车在移出鸡舍前要遮盖好，以免灰尘和碎屑在舍外被风吹得四处飘散，污染场地；离开鸡舍时，车轮必须擦刷干净并消毒。每清完一栋鸡舍都要安排人员铲刮棚架上、鸡舍边角以及其他表面所积累的粪便；并将该栋残留的鸡粪认真清扫干净，同时，还要将鸡舍周围及其粪道撒落的鸡粪也认真清扫干净。粪便和垫料必须运往远离鸡场的地方，按当地规定处理。

鸡舍内外的清洗：必须首先断开鸡舍内所有电器设备的开关。用含有发泡剂的水通过高压水枪冲洗，以清除残留在鸡舍和设备上的灰尘和碎屑，用含清洗剂的水擦洗，再用有压力的水冲干净。冲洗过程中，应迅速把鸡舍内剩余的水排净。所有移到鸡舍外的设备必须浸泡和冲洗。在设备冲洗干净后，应储存在有遮盖物的条件下。应特别注意鸡舍内以下几个部分的冲洗：风机框、风机轴、风机扇叶、通风设备的支架、屋梁的顶部、各种支架、水管等。鸡舍外面也必须冲洗干净并注意：进气口、排水沟、水泥路面等部分的冲洗。为了确保难以接近的地方能冲洗干净，可以使用轻便梯和手提式便携灯。在开放式鸡舍，卷帘内侧和外侧都必须冲洗干净。任何不能冲洗的物品（如聚乙烯制品、纸板等）都必须销毁。

饮水系统清洗：排干水箱和水管内所有的水，用清水冲刷水线。清除水箱内的污物和水垢，并把这些物质排到鸡舍外。在水箱内重新加入清水和清洁液（表1-1）。把含有清洁液的水从水箱输入到水线内。但注意不要出现气阻现象。水箱内含清洁剂的水要保证适当的高度，这样可以保证水管内的水有适当的压力。更换水箱水时，要让清洁剂在水箱内最少保留4小时。用清水冲刷并把水排掉。在进鸡前重新加入清水。水管内易形成水垢，因此应经常处理，以避免影响水的流速和造成细菌污染。水垢和细菌中的脂肪多聚糖易形成苔藓。水管所使用的材料，将影响到水垢形成的多少。例如：塑料水管和水箱，由于存在静电特性从而易于细菌吸附，在饮水中使用维生素和矿物质易于形成水垢和其他物质的聚合。用物理方法很难去掉水管内的水垢，在两批鸡之间使用高浓度的次氯酸钠或过氧化氢复合物可以溶解水管内的水垢。需要在小鸡饮水前把水管内的水垢彻底冲刷干净。如果当地水中矿物质（特别是钙或铁）含量高，在清洗中需要加一些酸，以便去除水垢。金属水管也可采用同样的清洗办法。但有时水管腐蚀易造成漏水，在对饮水系统进行处理前，应考虑水中矿物质含量。

表1-1 饮水系统清洗液的配制比例及使用办法

清洗溶液	舍内无鸡时	舍内有鸡时
	混合清洗溶液，灌入饮水系统并使溶液在系统中贮放约4小时之后再用清水冲洗	可使用以下其中之一的溶液冲洗饮水系统24小时。鸡只可以饮用这些溶液
醋（用于碱水）	8毫升/升	4毫升/升
柠檬酸（用于碱水）	1.7毫克/升	0.4毫克/升
氨（用于酸性水）	1.0毫升/升	0.25毫升/升

蒸发冷却和喷雾系统的清洗：应使用双硝酸清洗剂清洗，也可以在产蛋期使用，这样可以减少这些系统中的细菌数，并降低进入鸡舍的细菌数量。

喂料系统的清洗：清空、冲洗和消毒所有的喂料设施，如料箱、轨道、链条和悬挂料桶。清空料塔和连接管并打扫干净，密封所有的开口。如可能可以熏蒸。

棚架的清洗：竹制棚架、木制棚架以及塑料棚架等，冲洗和消毒过程都基本相同。即先将棚架缝隙残留的鸡粪尽可能铲刮干净，放入水池用清水浸泡，再用高压水枪冲洗干净，再放入配有消毒液的水池进行二次浸泡，最后用有压力水冲干净。

其他设备的清洗：其他设备（如产蛋箱、遮光罩等）的清洗消毒可参照以上介绍的办法。

附属设施的清洗：凡在场区内的所有附属设施，如洗衣房、浴室、厕所、蛋库、料库、草库、锅炉房、自行车棚、熏料间、熏蒸箱等，都要彻底冲洗干净，同时，还应将各个地方的地漏、沉淀池等清理干净。

（2）通风换气　通风换气可将鸡舍内的污浊空气及其中的病原微生物排出去，具有明显降低室内空气中病原体数量的作用。通风换气的方法有横向通风、纵向通风、正压过滤通风，以及正压坑道式通风等。通风的时间常根据舍内外温差的大小灵活掌握，但一般不少于30分钟。冬季密闭饲养时应严格掌握通风与保温之间的协调，防止冷应激。

（3）日光（紫外线）照射、干燥　日光照射消毒是指将需要消毒的物品放在日光下暴晒，利用阳光中的紫外线、灼热以及干燥等灭活病原微生物而达到消毒的目的。此法适用于畜禽舍的垫草、用具等的消毒，对被污染的土壤、牧场、地表层的消毒均具有重要意义。

直射阳光有强烈的杀菌作用，是天然的杀菌因素。许多微生物在日光直射下，数分钟至几小时就可被杀死，如结核菌、沙门氏菌、布鲁氏菌等经日光照射很快就死亡，炭疽杆菌的芽孢在日光下

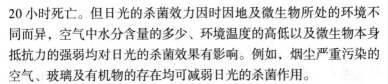

20 小时死亡。但日光的杀菌效力因时因地及微生物所处的环境不同而异，空气中水分含量的多少、环境温度的高低以及微生物本身抵抗力的强弱均对日光的杀菌效果有影响。例如，烟尘严重污染的空气、玻璃及有机物的存在均可减弱日光的杀菌作用。

日光中不同的光谱段杀菌效力有所不同。可见光、红外线对微生物作用较弱，紫外线较强。紫外线的杀菌作用仅限于被照射物体的表面，因为紫外线的穿透力弱，即使是很薄的玻璃也不能透过。因此，紫外线灯一般适用于微生物实验室、无菌操作室、手术室、种蛋室等地方的空间消毒，有时可用于不能用高温或化学药品消毒的器械、物品的消毒。

（4）辐射消毒　有非电离辐射与电离辐射两种。前者有紫外线、红外线和微波，后者包括两种射线的高能电子束（阴极射线）。红外线和微波主要依靠产热杀菌。电离辐射设备昂贵，对物品及人体有一定伤害，故使用较少。

① 紫外线消毒。目前应用最多的是紫外线消毒。紫外线可引起细胞成分特别是核酸、原浆蛋白和酸发生变化，导致微生物死亡。紫外光被划分为 A 射线、B 射线和 C 射线（简称 UVA、UVB 和 UVC），波长范围分别为 400~315 纳米，315~280 纳米和 280~190 纳米。对紫外线耐受力以真菌孢子最强，细菌芽孢次之，细菌繁殖体最弱，仅少数例外。紫外线穿透力差，空气中尘埃及相对湿度可降低其杀菌效果，对水的穿透力随深度和浊度而降低。但因使用方便，对药品无损伤，故广泛用于空气及一般物品表面消毒。照射人体能发生皮肤红斑，紫外线眼炎和臭氧中毒等。故使用时人应避开或用相应的保护措施。

日光暴晒亦依靠其中的紫外线，但由于大气层中的散射和吸收使用，仅 39% 可达地面，故仅适用于耐力低的微生物，且须较长时间暴晒。

阳光是天然的消毒剂，其光谱中的紫外线有较强的杀菌能力，阳光照射引起的干燥也具有杀菌作用。阳光照射几分钟到数小时，即可杀灭一般的病毒和病原菌，应充分利用这一天然有利条件。

人工紫外线消毒在养鸡场中使用较普遍。一般要求30分钟以上，只对表面光滑的物体有较好的消毒作用。

②红外线消毒。红外线又称热射线，为0.77~1000微米波长的电磁波。按波长的差别，大致可分为3段：0.77~3.0微米为近红外区，3.0~30.0微米为中红外区，30.0~1000微米为远红外区。红外线有良好热效应，热能直接由放射电磁波产生，不需经介质传导，故升温快，有利于消毒。

红外线杀菌作用的强弱，依其产生温度的高低而定。灭菌所需温度和时间，与干热灭菌法中的干烤法相同。红外线热效应仅产生于所照到的表面，故仅适用于表面平坦或导热性强物品的处理，如手术器械、注射器及其他玻璃器皿等。为使物品受热均匀，可采用多面照射或旋转式单侧照射。

红外线光源愈强，热效应愈高。距光源愈远，热效应愈差。各种颜色表面对红外线的吸收率不同，吸收率愈高，温度效应愈好。黑色吸收率最高，达87%，其他依次为灰（75%）、绿（73%）、红（64%）、黄（50%）、白（46%）。

消毒用远红外线快速恒温烤箱，最高温度达200℃，较电热烤箱节电50%以上。自动输送式红外线烤箱，温度可达180℃，物品由传送带连续送入，经30分钟传出即达灭菌效果。物品大小或导热性能不同，可装于不同颜色金属容器内以便得到同样热量处理，既能保证灭菌效果，又不致损坏物品。高真空红外线烤箱，先抽真空，然后加热至280℃，作用7分钟，即达灭菌效果，冷却时可充入无菌氮气以防氧化，全程仅需15分钟。

③微波消毒。即通过照射微波产生热量从而达到杀菌杀毒目的的消毒方式。微波在吸收介质中通过时被介质吸收而产生热，水就是微波的强吸收介质之一，一般含水的物质对微波有明显的吸收作用，升温迅速，消毒效果好。

不同废物对微波的吸收能力有所不同，对微波的吸收影响消毒效果。因此一般根据废物的性质，分为以下三类。

吸收介质：微波在废物中传播时会明显地被吸收而产生热的

介质，称为吸收介质。介电常数和介质损耗大者，吸收效能好，如水、肉类和含水量高的废物，均是强吸收介质。

良导体类：不吸收微波。如钢、黄铜、银、铁、不锈钢等金属能引起反射而不吸收微波。良导体类材料用微波照射达不到消毒目的。但如果将其用布包装后放在含水或水蒸气环境中，借水分子吸收微波，使温度升高，可达消毒要求。

绝缘体类：很少吸收介质，称为微波的良介质。例如：石英、陶瓷、玻璃、聚氟乙烯等塑料制品，微波大部分能透过，小部分反射。

（5）热力灭菌 包括干热灭菌与湿热灭菌。干热灭菌可使菌体蛋白质变性及电解质浓缩。湿热灭菌可使菌体蛋白质变性，核酸降解及损伤细菌的细胞膜。湿热灭菌的优越性有穿透力强、菌体吸收水分易变性凝固及蒸汽有潜在热能。

① 干热灭菌法：主要有焚烧法、烧灼法和干烤法3种。

焚烧法：是一种较彻底的灭菌方法，在焚烧炉内焚烧尸体及废弃物，可杀灭细菌芽孢。

烧灼法：直接用火焰灭菌，例如在微生物实验室内，利用火焰对接种环、试管口等灭菌。

干烤法：利用烤箱加热至160~170℃，2小时，适用于耐高温的玻璃、陶瓷或金属器皿的灭菌。

② 湿热灭菌法：包括巴氏消毒法、煮沸法、加压蒸汽灭菌法和间歇蒸汽灭菌法等。

巴氏消毒法：加热62℃ 30分钟或71.1℃ 15~30秒，不使蛋白质变性，但可杀灭常见致病菌，常用于牛奶和酒类的消毒。

煮沸法：在1个大气压下，将水煮沸（100℃）5分钟，可杀灭细菌繁殖体，如加入2%碳酸钠，可提高沸点至105℃并可防锈，常用于餐具及一些医疗器皿的消毒。

加压蒸汽灭菌法：应用高压蒸汽灭菌器，加压至1.05千克/平方厘米，即温度达121.3℃，15~20分钟，可杀灭细菌芽孢和各类微生物，常用于培养基、葡萄糖盐水输液、手术敷料及各种耐高温湿物品的灭菌。

间歇蒸汽灭菌法采用流动蒸汽间歇加热方式，以达到灭菌的目的。将需灭菌物品置于灭菌器中，100℃ 15~30分钟，每日一次，连续3日，即可杀灭芽孢。此法适用于不耐高热的含糖、牛奶等培养基。

热力灭菌效果可靠又简便易行，为灭菌首选。

2. 化学消毒法

利用化学药物渗透细菌的体内，使菌体蛋白凝固变性，干扰细菌酶的活性，抑制细菌代谢和生长或损害细胞膜的结构，改变其渗透性，破坏其生理功能等，从而起到消毒灭菌作用，所用的药物称化学消毒剂。有的药物杀灭微生物的能力较强，可以灭菌，又称为灭菌剂。

凡不适于物理消毒灭菌而耐潮湿的物品，如锐利的金属、刀、剪、手术针及皮肤、黏膜，病鸡的分泌物、排泄物、鸡舍空气等均可采用此法。

正确使用消毒剂，对保持鸡的养殖环境清洁卫生、减少病原微生物的侵袭、防止传染病的发生和传播、促进健康生长，对保持畜牧业健康发展、保障人民身体健康等都有重要的作用。但是，消毒剂毕竟不同于饲料和其他药物，一般为外用，有的消毒剂还有一定的毒性，使用不当会造成环境污染，甚至会损害鸡体。因此，要科学选择、正确使用。

（1）化学消毒灭菌剂的选择原则　理想的消毒剂应具备如下特点：广谱、高效、速效；毒性小或无毒，无腐蚀性、无强烈气味；使用方便，最好能溶于水或能与水混合，保持乳剂状态，且性质稳定；价格合理；不管酸碱性如何，对任何物质都有很强的消毒效果，且杀菌力不受或少受脓汁、血液、坏死组织、粪便、痰液等有机物存在的影响。

为此，选择合适的化学消毒剂，要遵循以下原则：① 广谱，对各种病原微生物有强大杀灭作用。② 药效显著，不受外部环境的干扰和影响，有强大的耐硬水性能，对环境有较强的适应能力，穿透力强，有较高的抗有机质的性能，作用迅速。③ 水溶性好，性质稳定，不易氧化分解，不易燃易爆，便于贮存。④ 附着力、渗透性强大，能长时间驻留在消毒物品表面，并且有效深入裂缝、角落发挥消毒功能。⑤ 无腐蚀性，无刺激性，对金属、塑料及动物皮肤无任何损伤。⑥ 无任何形式的环境污染，价格低廉，便于操作。

（2）正确使用消毒剂　各类鸡舍应根据当地实际情况，制定适宜的消毒程序，选用不同的消毒剂和消毒方法，并在使用过程中不断修改、完善。

有一点必须明确，消毒前必须经过彻底的清洗。除高活性碱液（如火碱）和某些特殊配方的消毒剂外，一般消毒剂哪怕是接触到最微量的有机物（污物、粪便）也会失去杀死病原微生物的效果。

喷洒消毒前，要根据消毒剂的原有浓度、现使用浓度和用量计算出原消毒剂和水的需要量，利用台秤或电子秤、量筒或带刻度的搪瓷缸等称量，混匀，过滤，装入喷雾器。水温以 40~60℃为宜，不使用铁、铅等容器。配制浓度要准确，靠提高浓度来提高消毒效果的想法是荒谬的，即使提高 2~4 倍也不会有加强效果，只会加大成本和腐蚀鸡舍设备。

（3）化学消毒剂的常用方法　① 喷雾法或泼洒法：将消毒药配制成一定浓度的溶液，用喷雾器对需要消毒的地方进行喷雾消毒，或直接将消毒药泼洒到需要消毒的地方，如带鸡消毒。② 擦拭法：用布块浸沾消毒药液，擦拭被消毒的物体。如对笼具的擦拭消毒。③ 浸泡法：将被消毒的物品浸泡于消毒药液内，如食槽、生产工具的消毒。④ 熏蒸法：常用的有福尔马林配合高锰酸钾对密闭的鸡舍进行熏蒸消毒。

3. 生物性消毒

对生产中产生的大量粪便、粪污水、垃圾及杂草进行发酵，利用发酵过程所产生热量杀灭其中的病原微生物。发酵可产生 70℃以上的温度，能杀灭无芽孢菌、寄生虫卵、病毒等。在场区内适度种植花草树木，也具有减少生产环境中病原微生物数量的作用。

（二）按消毒目的分类

根据消毒的目的不同，可分为预防性消毒、随时消毒和终末消毒。

1. 预防性消毒

或叫日常消毒，是指未发生传染病的安全鸡场，为防止传染病的传入，结合平时的清洁卫生工作、饲养管理工作和门卫制度对可能受病原污染的鸡舍、场地、用具、饮水等进行的消毒，主要包括以下内容。

（1）定期消毒　根据气候、本场生产实际，对栏舍、舍内空气、饲料仓库、道路、周围环境、消毒池、鸡群、饲料、饮水等制定具体的消毒计划，并执行之。例如，每周一次带鸡消毒，安排在每周三下午；周围环境每月消毒一次，安排在每月初的某一晴天。

（2）生产工具消毒　食槽、水槽（饮水器）、笼具、断喙器、刺种针、注射器、针头、孵化器等用前必须消毒，每用一次必须消毒一次。

（3）人员、车辆消毒　人、车辆任何时候进入生产区均应经严格消毒。

（4）鸡只转栏前对栏舍的消毒　转栏前对准备转入鸡只的栏舍彻底清洗、消毒。

（5）术部消毒　鸡只断喙、断翅后局部必须消毒，注射部位、手术部位应该消毒。

2. 随时消毒

指鸡场内存在传染源的情况下开展的消毒工作，其目的是随时、迅速杀灭刚排出体外的病原微生物。当鸡群中有个别或少数鸡发生一般性疫病或有突然死亡现象时，立即对所在栏舍进行局部强化消毒，包括对发病和死亡鸡只的消毒及无害化处理，对被污染的场所和物体的立即消毒。这种情况的消毒需要多次反复地进行。

3. 终末消毒

采用多种消毒方法对全场或部分鸡舍进行全方位的彻底清理与消毒。当被某些烈性传染病感染的鸡群已经死亡、淘汰或痊愈，传

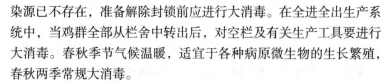

染源已不存在，准备解除封锁前应进行大消毒。在全进全出生产系统中，当鸡群全部从栏舍中转出后，对空栏及有关生产工具要进行大消毒。春秋季节气候温暖，适宜于各种病原微生物的生长繁殖，春秋两季常规大消毒。

（三）按消毒程度分类

1. 高水平消毒

杀灭一切细菌繁殖体包括分枝杆菌、病毒、真菌及其孢子和绝大多数细菌芽孢。达到高水平消毒常用的消毒剂包括：氯制剂、二氧化氯、邻苯二甲醛、过氧乙酸、过氧化氢、臭氧、碘酊等，在规定的条件下，以合适的浓度和有效的作用时间进行消毒的方法。

2. 中水平消毒

杀灭除细菌芽孢以外的各种病原微生物，包括分枝杆菌。达到中水平消毒常用的消毒剂包括：碘类（碘伏、氯己定碘等）、醇类和氯己定碘的复方、醇类和季铵盐类化合物的复方、酚类等，在规定条件下，以合适的浓度和有效的作用时间进行消毒的方法。

3. 低水平消毒

能杀灭细菌繁殖体（分枝杆菌除外）和亲脂类病毒的化学消毒方法以及通风换气、冲洗等机械除菌法。如采用季铵盐类（苯扎溴铵等）、双胍类（氯己定）消毒剂等，在规定的条件下，以合适的浓度和有效的作用时间进行消毒的方法。

四、影响消毒效果的因素

消毒效果受许多因素的影响，了解和掌握这些因素，可以指导正确消毒，提高消毒效果；反之，只会影响消毒效果，导致消毒失败。影响消毒效果的因素很多，概括起来主要有以下几个方面。

（一）消毒剂的种类

针对所要消毒的微生物特点，选择恰当的消毒剂很关键，如果要杀灭细菌芽孢或非囊膜病毒，则必须选用灭菌剂或高效消毒剂，也可选用物理灭菌法，才能取得可靠的消毒效果，若使用酚制剂或季铵盐类消毒剂则效果很差；季铵盐类是阳离子表面活性剂，有杀菌作用的阳离子具有亲脂性，杀革兰氏阳性菌和囊膜病毒效果较好，对非囊膜病毒就无能为力。龙胆紫对葡萄球菌的杀灭效果特别强。热对结核杆菌有很强的杀灭作用，但一般消毒剂对其作用要比对常见细菌繁殖体的作用差。所以为了取得理想的消毒效果，必须根据消毒对象及消毒剂本身的特点进行科学选择，采取合适的消毒方法使其达到最佳消毒效果。

（二）消毒剂的配方

良好的配方能显著提高消毒效果。如用70%乙醇配制季铵盐类消毒剂比用水配制穿透力强，杀菌效果更好；苯酚若制成甲苯酚的肥皂溶液就可杀死大多数繁殖体微生物；超声波和戊二醛、环氧乙烷联合应用，具有协同效应，可提高消毒效力；另外，用具有杀菌作用的溶剂，如甲醇、丙二醇等配制消毒液时，常可增强消毒效果。当然，消毒药之间也会产生拮抗作用，如酚类不宜与碱类消毒剂混合，阳离子表面活性剂不宜与阴离子表面活性剂（肥皂等）及碱类物质混合，它们彼此会发生中和反应，产生不溶性物质，从而降低消毒效果。次氯酸盐和过氧乙酸会被硫代硫酸钠中和。因此，消毒药不能随意混合使用，但可考虑选择几种产品轮换使用。

（三）消毒剂的浓度

任何一种消毒药的消毒效果都取决于其与微生物接触的有效浓度，同一种消毒剂的浓度不同，其消毒效果也不一样。多数消毒剂的消毒效果与其浓度成正比，但也有些消毒剂，随着浓度的增大消毒效果反而下降。如酒精在75%时消毒效果最好。各种消毒剂受浓度影响的程度不同。每一消毒剂都有它的最低有效浓度，要选择有效而又对人畜安全并对设备无腐蚀的杀菌浓度。消毒液浓度过高，一是浪费，二会腐蚀设备，三还可能对鸡造成危害。消毒液用量方面，在喷雾消毒时按每立方米空间30毫升为宜，太大会导致舍内过湿，用量小又达不到消毒效果。一般应灵活掌握，在鸡群发病、育雏前期、温暖天气等情况下应适当加大用量，而天气冷、肉鸡育雏后期用量应减少。

（四）消毒剂的作用时间

消毒剂接触微生物后，要经过一定时间后才能杀死病原，只有少数能立即产生消毒作用，所以要保证消毒剂有一定的作用时间。消毒剂与微生物接触时间越长消毒效果越好，接触时间太短往往达不到消毒效果。被消毒物上微生物数量越多，完全灭菌所需时间越长。此外，部分消毒剂在干燥后就失去消毒作用。

（五）温度

一般情况下，消毒液温度高，药物的渗透能力也会增强，消毒效果可加大，消毒所需要的时间也可以缩短。实验证明，消毒液温度每提高 10℃，杀菌效力增加 1 倍，但配制消毒液的水温不超过 45℃为好。一般温度按等差级数增加，则消毒剂杀菌效果按几何级数增加。许多消毒剂在温度低时，反应速度缓慢，影响消毒效果，甚至不能发挥消毒作用。如福尔马林在室温 15℃以下用于消毒时，即使用其有效浓度，也不能达到很好的消毒效果，但室温在 20℃以上时，则消毒效果很好。因此，在熏蒸消毒时，需将舍温提高到 20℃以上。

（六）湿度

湿度对许多气体消毒剂的作用有显著影响。这种影响来自两方面：一是消毒对象的湿度，它直接影响微生物的含水量。如用环氧乙烷消毒时，细菌含水量太多，则需要延长消毒时间；细菌含水量太少，消毒效果亦明显降低。二是消毒环境的相对湿度。每种气体消毒剂都有其适宜的相对湿度范围，如甲醛以相对湿度大于 60% 为宜，用过氧乙酸消毒时要求相对湿度不低于 40%，以 60%~80% 为宜；熏蒸消毒时需将舍内湿度提高到 60%~70%，才有效果。直接喷洒消毒剂干粉处理地面时，需要有较高的相对湿度，使药物潮解发挥作用，如生石灰单独用于消毒无效，须洒上水或制成石灰乳等。而紫外线消毒时，相对湿度增高，反而影响穿透力，不利于消毒。

（七）酸碱度（pH 值）

pH 值可从两方面影响消毒效果，一是对消毒的作用，pH 值变化可改变其溶解度、离解度和分子结构；二是对微生物的影响，病原微生物的适宜 pH 值在 6~8，过高或过低的 pH 值有利于杀灭病原微生物。酚类、交氯酸等是以非离解形式起杀菌作用，所以在酸性环境中杀灭微生物的作用较强，碱性环境就差。在偏碱性时，细菌带负电荷多，有利于阳离子型消毒剂作用；而对阴离子消毒剂来说，酸性条件下消毒效果更好些。新型的消毒剂常含有缓冲剂等成分，可以减少 pH 值对消毒效果的直接影响。

（八）表面活性和稀释水的水质

非离子表面活性剂和大分子聚合物可以降低季铵盐类消毒剂的作用；阴离子表面活性剂会影响季铵盐类的消毒作用。因此在用表面活性剂消毒时应格外小心。由于水中金属离子（如 Ca^{2+} 和 Mg^{2+}）对消毒效果也有影响，所以，在稀释消毒剂时，必须考虑稀释用水的硬度。如季铵盐类消毒剂在硬水环境中消毒效果不好，宜选用蒸馏水稀释。一种好的消毒剂应该能耐受各种水质，不管是硬水还是软水，消毒效果都不受什么影响。

（九）污物、残料和有机物的存在

灰尘、残料等都会影响消毒液的消毒效果，尤其在进雏前消毒育雏用具时，一定要先清洗再消毒，否则污物或残料会严重影响消毒效果，使消毒不彻底。

消毒现场通常会遇到各种有机物，如血液、血清、培养基成分、分泌物、脓液、饲料残渣、泥土及粪便等，这些有机物的存在会严重干扰消毒剂消毒效果。因为有机物覆盖在病原微生物表面，妨碍消毒剂与病原直接接触而延迟消毒反应，以至于对病原杀不死、杀不全。部分有机物可与消毒剂发生反应生成溶解度更低或杀菌能力更弱的物质，甚至产生的不溶性物质反过来与其他组分一起对病原微生物起到机械保护作用，阻碍消毒过程的顺利进行。同时有机物消耗部分消毒剂，降低了对病原微生物的作用浓度。如蛋白质能消耗大量的酸性或碱性消毒剂；阳离子表面活性剂等易被脂肪、磷脂类有机物所溶解吸收。因此，在消毒前要先清洁再消毒。当然各种消毒剂受有机物影响程度有所不同。在有机物存在的情况下，氯制剂消毒效果显著降低；季铵盐类、过氧化物类等消毒作用也明显地受有机物影响；但烷基化类、戊二醛类及碘伏类消毒剂则受有机物影响就比较小些。对大多数消毒剂来说，当有有机物影响时，需要适当加大处理剂量或延长作用时间。

（十）微生物的类型和数量

不同类型的微生物对消毒剂的敏感性不同，而且每种消毒剂有各自的特点，因此消毒时应根据具体情况科学地选用消毒剂。

为便于消毒工作的进行，往往将病原微生物对杀菌因子抗力分为若干级以作为选择消毒方法的依据。过去，在致病微生物中多以细菌芽孢的抗力最强，分枝杆菌其次，细菌繁殖体最弱。但根据近年来对微生物抗力的研究，微生物对化学因子抗力的排序依次为：感染性蛋白因子（牛海绵状脑病病原体）、细菌芽孢（炭疽杆菌、梭状芽孢杆菌、枯草杆菌等芽孢）、分枝杆菌（结核杆菌）、革兰氏阴性菌（大肠杆菌、沙门氏菌等）、真菌（念珠菌、曲霉菌等）、无囊膜病毒（亲水病毒）或小型病毒（传染性法氏囊病毒、腺病毒等）、革兰氏阳性菌繁殖体（金黄色葡萄球菌、绿脓杆菌等）、囊膜病毒（亲脂病毒等）或中型病毒（新城疫病毒、禽流感病毒等）。其中，抗力最强的不再是细菌芽孢，而是最小的感染性蛋白因子（朊粒）。因此，在选择消毒剂时，应参考这些新的排序。

目前所知，对感染性蛋白因子（朊粒）的灭活只有3种方法：一是长时间的压力蒸汽处理，132℃（下排气）30分钟或134~138℃（预真空）18分钟；二是浸泡于1摩尔/升氢氧化钠溶液作用15分钟，或含8.25%有效氯的次氯酸钠溶液作用30分钟；三是先浸泡于1摩尔/升氢氧化钠溶液内作用1小时后以121℃压力蒸汽，处理60分钟。杀芽孢类消毒剂目前公认的主要有戊二醛、甲醛、环氧乙烷及氯制剂和碘伏等。本分类制剂、阳离子表面活性剂、季铵盐类等消毒剂对畜禽常见囊膜病毒有很好的消毒效果，但其对无囊膜病毒的效果就很差；无囊膜病毒必须用碱类、过氧化物类、醛类、氯制剂和碘伏类等高效消毒剂才能确保有效杀灭。

消毒对象的病原微生物污染数量越多，则消毒越困难。因此，对严重污染物品或高危区域，如孵化室及伤口等破损处应加强消毒，加大消毒剂的用量，延长消毒剂作用时间，并适当增加消毒次数，这样才能达到良好的消毒效果。

五、制定严格的消毒制度

（一）消毒过程中存在的误区

养鸡户在消毒过程中存在许多误区，致使消毒达不到理想效果。常见消毒误区主要有以下几点。

1. 不发疫病不消毒

消毒的主要目的是杀灭传染源的病原体。传染病的发生要有三个基本条件：传染源、传播途径和易感动物。在家禽养殖中，有时没有看到疫病发生，但外界环境已存在传染源，传染源会排出病原体。如果此时没有采取严密的消毒措施，病原体就会通过空气、饲料、饮水等传播途径，入侵易感家禽，引起疫病发生。如果此时仍未及时采取严密有效的消毒措施，净化环境，环境中的病原体越积越多，达到一定程度时，就会引起疫病蔓延流行，造成经济损失。

因此，家禽消毒一定要及时有效。具体要注意以下三个环节：禽舍内消毒、舍外环境消毒和饮水消毒。家禽消毒每周不少于3次，环境消毒每周1次，饮水始终要进行消毒并保证清洁。

2. 消毒后就不会发生传染病

这种想法是错误的。因虽经消毒，但并不一定就能彻底杀灭病原体，这与选用的消毒剂及消毒方式等因素有关。有许多消毒方法存在着盲区，况且许多病原体都可以通过空气、飞禽、老鼠等多种媒介进行传播，即使采取严密的消毒措施，也很难全部切断传播途径。因此，家禽养殖除了进行严密的消毒外，还要结合养殖情况及疫病发生、流行规律，有针对性地进行免疫接种，以确保家禽安全。

3. 消毒剂气味越浓效果越好

消毒剂效果的好坏，不简单地取决于气味。有许多好的消毒剂，如双季铵盐类、复合磺胺类消毒剂就没有什么气味，但其消毒效果却特别好。因此，选择和使用消毒剂不要看气味浓淡，而要看其消毒效果，是否存在盲区。

4.长期单一使用同一类消毒剂

长期单一使用同一种类的消毒剂，会使细菌、病毒等产生耐药性，给以后消毒增加难度。因此，家禽养殖户最好是将几种不同类型、种类的消毒剂交替使用，以提高消毒效果。

消毒液的选用过于单一，无针对性。不同的消毒液对不同的病原体敏感性不同，一般病毒对含碘、溴、过氧乙酸的消毒液敏感，细菌对含双链季铵盐类的消毒液敏感。所以，在病毒多发的季节或鸡生长阶段（如冬春季、肉鸡30日龄以后）应多用含碘、含溴的消毒液，而细菌病高发时（如夏季、肉鸡30日龄以前）应多用含双链季铵盐类的消毒液。

5.消毒不全面

一般情况下对鸡的消毒方法有三种，即带鸡（喷雾）消毒、饮水消毒和环境消毒。这三种消毒方法可分别切断不同病原的传播途径，相互不能代替。带鸡消毒可杀灭空气中、禽体表、地面及屋顶墙壁等处的病原体，对预防鸡呼吸道疾病很有意义，还具有降低舍内氨气浓度和防暑降温的作用；饮水消毒可杀灭鸡饮用水中的病原体并净化肠道，对预防鸡肠道病很有意义；环境消毒包括对禽场地面、门口过道及运输车（料车、粪车）等的消毒。很多养殖户认为，经常给鸡饮消毒液，鸡就不会得病。这是错误的认识，饮水消毒操作方法科学合理，可减少鸡肠道病的发生，但对呼吸道疾病无预防作用，必须通过带鸡消毒来实现。因此，只有用上述3种方法共同给鸡消毒，才能达到消毒目的。

6.消毒不接续

消毒是一项连续的工作，因此最好不间断。带鸡消毒和饮水消毒的时间间隔如下。

带鸡消毒：育雏期一般第3周以后才可带鸡消毒（过早不但影响舍温，而且如果头两周防疫做得不周密，会影响早期防疫），每

2~3 天消毒 1 次；育成期宜 4~5 天消毒 1 次；产蛋期宜 1 周消毒 1 次；发生疫情时每天消毒 1 次。疫苗接种前后 2~3 天不可带鸡消毒。

饮水消毒：育雏期最好第 3 周以后开始饮水消毒（过早不利雏鸡肠道菌群平衡的建立，而且影响早期防疫）。饮水消毒有两方面含义：第一，对饮水消毒，可防止通过饮水传播疾病。这样的消毒一般使用卤素类消毒液，如漂白粉、氯制剂等。使用氯制剂时，应使有效氯浓度达 3×10^{-6}，或按消毒液说明书上要求浓度上限配制，这样浓度的消毒水可连续饮用。第二，净化肠道，一般每周饮 1~2 次，每次 2~3 小时即可，浓度按照消毒液说明书上要求的浓度下限配制。如标"饮水消毒 1∶（1 000~2 000）"，可用 1∶1 000 来净化肠道，每周饮 1~2 次；用 1∶2 000 来消毒饮水，可连续饮用。防疫前后 3 天、防疫当天（共 7 天）及用药时，不可饮水消毒。

7. 消毒前不做机械性清除

要发挥消毒药物的作用，必须使药物直接接触到病原微生物，但被消毒的现场会存在大量的有机物，如粪便、饲料残渣、畜禽分泌物、体表脱落物，以及鼠粪、污水或其他污物，这些有机物中藏有大量病原微生物。同时，消毒药物与有机物，尤其与蛋白质有不同程度的亲和力，可结合成为不溶性化合物，并阻碍消毒药物作用的发挥。所以说，彻底的机械消除是有效消毒的前提。机械消除前应先将可拆卸的用具，如食槽、水槽、笼具、护仔箱等拆下，运至舍外清扫、浸泡、冲洗、刷刮，并反复消毒。

舍内在拆除用具设备之后，从屋顶、墙壁、门窗，直到地面和粪池、水沟等按顺序认真打扫清除，再用高压水冲洗直至完全干净。在打扫清除之前，最好先用消毒药物喷雾和喷洒，以免病原微生物四处飞扬和顺水流排出，扩散至相邻的畜禽舍及环境中，造成扩散污染。

8. 对消毒程序和全进全出认识不足

消毒应按一定程序进行，不可杂乱无章随心所欲。一般可按下列顺序进行：舍内从上到下（从屋顶、墙壁、门窗至地面）喷洒消毒液→搬出和拆卸用具和设备→从上到下清扫→清除粪尿等污物→高压水充分冲洗→干燥→从上到下空中用消毒药液喷雾，雾粒应细，部分雾粒可在空中停留 15 分钟左右→干燥→换另一种类型消毒药物喷雾→装调试→密闭门窗后用甲醛熏蒸，必要时用 20% 石灰浆涂墙，高约 2 米→将已消毒好的设备及用具搬进舍内安装调试→密闭门窗后用甲醛熏蒸，必要时三天后再用过氧乙酸熏蒸一次→封闭空舍 7~15 天，才可认为消毒程序完成。如急用时，在熏蒸后 24 小时，打开门窗通风 24 小时后使用。有的对全进全出的要求不甚了解，往往在清舍消毒时，将转群或出栏时剩余的数头（只）生长落后或有病无法转出的畜禽留在原舍内，可以认为，在原舍内存留 1 头（只）畜禽，都不能认为做到了全进全出。

9. 不能正确使用石灰消毒

石灰是具有消毒力好，无不良气味，价廉易得，无污染的消毒药，但往往使用不当。新出窑的生石灰是氧化钙，加入相当于生石灰重量 70%~100% 的水，即生成疏松的熟石灰，也即氢氧化钙，只有这种离解出的氢氧根离子具有杀菌作用。有的场、户在入场或畜禽入口池中，堆放厚厚的干石灰，让鞋踏而过，这起不到消毒作用。也有的用放置时间过久的熟石灰做消毒用，但它已吸收了空气中的二氧化碳，成了没有氢氧根离子的碳酸钙，已完全丧失了杀菌消毒作用，所以也不能使用。还有将石灰粉直接撒在舍内地面上一层，或上面再铺上一薄层垫料，这样常造成雏禽或幼仔的蹄爪灼伤，或因啄食灼伤口腔及消化道。有的将石灰直接撒在鸡笼下或圈舍内，致使石灰粉尘飞扬，必定会使畜禽吸入呼吸道内，引起咳嗽、打喷嚏、甩鼻、呼噜等一系列症状，人为地造成呼吸道炎症。使用石灰消毒最好的方法是加水配制成 10%~20% 的石灰乳，用于涂刷畜舍墙壁 1~2 次，称为"涂白覆盖"，既可消毒灭菌，又有覆盖污斑、涂白美观的作用。

10. 饮水消毒有误区

许多消毒药物，按其说明书称，可用于鸡的饮水消毒并称"高效、广谱、对人鸡无害"，更有称"可 100% 杀灭某某菌及某某病，用于饮水或拌料内服，在 1~3 天可扑灭某某病"等，这显然是一种夸大其词以致误导。饮水消毒实际是对饮水的消毒，鸡喝的是经过消毒的水，而非喝的消毒药水，饮水消毒实际是把饮水中的微生物杀灭或控制鸡体内的病原微生物。如果任意加大水中消毒药物的浓度或长期饮用，除可引起急性中毒外，还可杀死或抑制肠道内的正常菌群，对鸡的健康造成危害。所以饮水消毒是预防性，而非治疗性。在临床上常见的饮水消毒剂多为氯制剂、季铵盐类和碘制剂，中毒原因往往是浓度过高或使用时间过长。中毒后多见胃肠道炎症并积有黏液、腹泻，以及不同程度的死亡。产蛋鸡造成产蛋率下降。还有按某些资料，给雏鸡用 0.1% 高锰酸钾饮水，结果造成口腔及上消化道黏膜被腐蚀，往往造成雏鸡死亡。

（二）鸡场的消毒制度

每一个鸡场必须制定严格的消毒制度，并且认真贯彻执行，杜绝一切可能的传染来源。

1. 进出口消毒

入口地面设置消毒池，主要消毒车辆轮胎和人员鞋靴；另外还应设置喷雾消毒装置，主要消毒车身及人员体表，消毒药可用新洁尔灭等。

2. 人员消毒

工作人员进入鸡舍前，要在更衣室更换工作服、鞋、帽；凡必须进入生产区的外来人员，均要进行喷雾或紫外线消毒等。可用过氧乙酸、新洁尔灭，然后换上经消毒后的衣、鞋、帽。

3. 器具、鸡舍消毒

凡已使用过的生产用具，如蛋箱、推车、料桶等，应用 0.1% 新洁尔灭或 0.2%~0.5% 过氧乙酸溶液浸泡洗刷，鸡舍、鸡笼等用 2%~3% 来苏儿或其他溶液消毒，再用高压水枪冲洗，最后用福尔马林熏蒸消毒。

饲养期间食槽、饮水器必须每天洗刷，地面要保持清洁干燥，定期全场消毒。

4.防蚊蝇，灭鼠害

搞好鸡舍的卫生，填平鸡舍外的污水坑，设地下排水沟。粪便要集中堆积发酵处理，蚊、蝇繁殖季节，每周可用0.5%敌百虫或0.02%溴氰菊酯撒布粪池和水沟。鸡场环境分别喷洒溴氰菊酯和敌敌畏。一般鸡舍均应装配纱窗、纱门。对管道、通风口应用铁丝网封堵，防止老鼠等侵入危害。

5.病死鸡处理

及时妥善处理病死鸡，是防制传染病的重要措施之一。凡是病死鸡，须用密闭容器运抵指定地点进行焚毁或深埋处理，并彻底消毒。因此，应在养鸡场下风口设埋尸坑或焚尸炉。

第二节　常用消毒器械

鸡场常用的消毒器械主要有高压蒸汽灭菌器、干热灭菌器、喷雾消毒的器械设备、过滤除菌用的器械等。

一、高压蒸汽灭菌器

（一）结构

高压蒸汽灭菌器是一个双层的金属圆筒，两层之间盛水，外层坚固厚实，其上方有金属厚盖，盖旁附有螺旋，借以紧闭盖门，使蒸汽不能外溢，因而蒸汽压力升高，随着其温度亦相应地增高。

高压蒸汽灭菌器上装有排气阀门、安全活塞，以调节蒸汽压力。有温度计及压力表，以表示内部的温度和压力。灭菌器内装有带孔的金属搁板，用以放置要灭菌物体。

（二）使用方法

加水至外筒内，被灭菌物品放入内筒。盖上灭菌器盖，拧紧螺旋使之密闭。灭菌器下用煤气或电炉等加热，同时打开排气阀门，排净其中冷空气，否则压力表上所示压力并非全部是蒸汽压力，灭菌将不完全。

待冷空气全部排出后（即水蒸气从排气阀中连续排出时），关闭排气阀。继续加热，待压力表渐渐升至所需压力时（一般是101.53千帕，温度为121.3℃），调节炉火，保持压力和温度（注意压力不要过大，以免发生意外），维持15~30分钟。灭菌时间达到后，停止加热，待压力降至零时，慢慢打开排气阀，排除余气，开盖取物。切不可在压力尚未降低为零时突然打开排气阀门，以免灭菌器中液体喷出。

高压蒸汽灭菌为湿热灭菌，其优点有三：一是湿热灭菌时菌体蛋白容易变性，二是湿热穿透力强，三是蒸气变成水时可放出大量热增强杀菌效果，因此，它是效果最好的灭菌方法。凡耐高温和潮湿的物品，如培养基、生理盐水、衣服、纱布、棉花、敷料、玻璃器材、传染性污物等都可应用本法灭菌。

目前出现的便携式全自动电热高压蒸汽灭菌器，操作简单，使用安全。

二、干热灭菌器（烤箱）

（一）构造

干热灭菌器是由双层铁板制成的方形金属箱，外壁内层装有隔热的石棉板。箱底下放置大型火炉，或在箱壁中装置电热线圈。内壁上有数个孔，供流通空气用。箱前有铁门及玻璃门，箱内有金属箱板架数层。电热烤箱的前下方装有温度调节器，可以保持所需的温度。

（二）使用方法

将培养皿、吸管、试管等玻璃器材包装后放入箱内，闭门加热。当温度上升至160~170℃时，保持2小时，到达时间后，停止加热，待温度自然下降至40℃以下，方可开门取物，否则冷空气突然进入，易引起玻璃炸裂；且热空气外溢，往往会灼伤取物者的皮肤。一般吸管、试管、培养皿、凡士林、液体石蜡等均可用本法灭菌。

三、喷雾消毒器械

喷洒消毒、喷雾免疫时常用的是喷雾器。喷雾器有背负式喷雾器和机动喷雾器。背负式又有压杆式和充电式喷雾器，适用于小面积环境消毒和带鸡消毒。机动喷雾器按其所使用的动力来划分，主要有电动（交流电或直流电）和气动两种，每种又有不同的型号，适用于鸡舍外环境和空舍消毒，在实际应用时要根据具体情况选择合适的喷雾器。

1. 喷雾器消毒

固体消毒剂有残渣或溶化不全时，容易堵塞喷嘴，因此不能直接在喷雾器的容器内配制消毒剂，而是在其他容器内配制好了以后经喷雾器的过滤网装入喷雾器的容器内。压杆式喷雾器容器内药液不能装得太满，否则不易打气。配制消毒剂的水温不宜太高，否则易使喷雾器的塑料桶身变形，而且喷雾时不顺畅。使用完毕，将剩余药液倒出，用清水冲洗干净，倒置，打开一些零部件，等晾干后再装起来。

2. 喷雾器免疫

喷雾器免疫是利用气泵将空气压缩，然后通过气雾发生器使稀释疫苗形成一定大小的雾化粒子，均匀地悬浮于空气中，随呼吸进入家禽体内。要求 80% 以上的雾滴大小应在要求范围内，而且均一。要注意喷雾质量，发现问题或喷雾器出现故障，应立即停止操作，并按使用说明书操作完后，要用清水洗喷雾器，让喷雾器充分干燥后，包装保存好。注意防止腐蚀，不要用去污剂或消毒剂清洗容器内部。

免疫时较合适的温度是 15~25℃，温度再低些也可进行，但一般不要在环境温度低于 4℃ 的情况下进行。如果环境温度高于 25℃ 时，雾滴会迅速蒸发而不能进入家禽的呼吸道。如果要在高于 25℃ 的环境中使用喷雾器免疫，则可以先在禽舍内喷水，提高舍内空气的相对湿度后再进行。

喷雾时，房舍应密闭，关闭门、窗和通风口，减少空气流动。

喷雾完后 15~20 分钟再开启门窗。如选用直径为 59 微米以下的喷雾器时，喷雾枪口应在家禽头上方约 30 厘米处喷射，使禽体周围形成良好的雾化区，并且雾滴粒子不会立即沉降，可在空间悬浮适当时间。

四、除菌滤器

除菌滤器简称滤菌器。种类多，孔径小，能阻挡细菌通过。可用陶瓷、硅藻土、石棉或玻璃屑等制成，下面介绍几种常用的滤菌器。

（一）滤菌器构造

1. 赛氏滤菌器

由三部分组成。上部的金属圆筒用以盛装将要滤过的液体；下部的金属托盘及漏斗用以接收滤出的液体；上下两部分中间放石棉滤板，滤板按孔径大小可分为三种：K 滤孔最大，供澄清液体之用；EK 滤孔较小，供滤过除菌；EK-S 滤孔更小，可阻止一部分较大的病毒通过。滤板依靠侧面附带的紧固螺旋拧紧固定。

2. 玻璃滤菌器

由玻璃制成。滤板采用细玻璃砂在一定高温下加压制成。孔径 0.15~250 微米不等，分为 G1、G2、G3、G4、G5 和 G6 六种规格，后两种规格均能阻挡细菌通过。

3. 薄膜滤菌器

由塑料制成。滤菌器薄膜采用优质纤维滤纸，用一定工艺加压制成。孔径：200 纳米，能阻挡细菌通过。

（二）滤菌器用途

将清洁的滤菌器（赛氏滤菌器和薄膜滤菌器须先将石棉板或滤菌薄膜放好，拧牢螺旋）和滤瓶分别用纸或布包装，用高压蒸汽灭菌器灭菌。再以无菌操作把滤菌器与滤瓶装好，并使滤瓶的侧管与缓冲瓶相连，再使缓冲瓶与抽气机相连。将待滤液体倒入滤菌器内，开动抽气机使滤瓶中压力减低，滤液则徐徐流入滤瓶中。滤毕，迅速按无菌操作将滤瓶中的滤液放到无菌容器内保存。滤器经高压灭菌后，洗净备用。

（三）滤菌器用法

用于除去混杂在不耐热液体（如血清、腹水、糖溶液、某些药物等）中的细菌。

第三节　化学消毒剂

利用化学药品杀灭传播媒介上的病原微生物以达到预防感染、控制传染病的传播和流行的方法称为化学消毒法。化学消毒法具有适用范围广、消毒效果好、无须特殊仪器和设备、操作简便易行等特点，是目前兽医消毒工作中最常用的消毒剂。

一、化学消毒剂的分类

用于杀灭传播媒介上病原微生物的化学药物称为消毒剂。化学消毒剂的种类很多，分类方法也有多种。

（一）按杀菌能力分类

消毒剂按照其杀菌能力可分为高效消毒剂、中效消毒剂和低效消毒剂等三类。

1. 高效消毒剂

可杀灭各种细菌繁殖体、病毒、真菌及其孢子等，对细菌芽孢也有一定杀灭作用，达到高水平消毒要求，包括含氯消毒剂、臭氧、甲基乙内酰脲类化合物、双链季铵盐等。其中可使物品达到灭菌要求的高效消毒剂又称为灭菌剂，包括甲醛、戊二醛、环氧乙烷、过氧乙酸、过氧化氢、二氧化氯等。

2. 中效消毒剂

能杀灭细菌繁殖体、分枝杆菌、真菌、病毒等微生物，达到消毒要求，包括含碘消毒剂、醇类消毒剂和酚类消毒剂等。

3. 低效消毒剂

仅可杀灭部分细菌繁殖体、真菌和有囊膜病毒，不能杀死结核杆菌、细菌芽孢和较强的真菌和病毒，达到消毒剂要求，包括苯扎溴铵等季铵盐类消毒剂、氯己定（洗必泰）等双胍类消毒剂，汞、银、铜等金属离子类消毒剂及中草药消毒剂。

（二）按化学成分分类

1. 卤素类消毒剂

这类消毒剂有含氯消毒剂类、含碘消毒剂类及卤化海因类消毒剂等。

含氯消毒剂可分为有机氯和无机氯两类。目前常用的有二氯异氰尿酸钠及其复方消毒剂、氯化磷酸三钠、液氯、次氯酸钠、三氯异氰尿酸、氯尿酸钾、二氯异氰尿酸等。

含碘消毒剂可分为无机碘和有机碘消毒剂，如碘伏、碘酊、碘甘油、PVP碘、洗必泰碘等。碘伏对各种细菌繁殖体、真菌、病毒均有杀灭作用，受有机物影响大。

卤化海因类消毒剂为高效消毒剂，对细菌繁殖体及芽孢、病毒真菌均有杀灭作用。目前国内外使用的这类消毒剂有三种：二氯海因（二氯二甲基乙内酰脲，DCDMH）、二溴海因（二溴二甲基乙内酰脲，DBDMH）、溴氯海因（溴氯二甲基乙内酰脲，BCDMH）。

2. 氧化剂类消毒剂

常用的有过氧乙酸、过氧化氢、臭氧、二氧化氯、酸性氧化电位水等。

3. 烷基化气体类消毒剂

主要有环氧乙烷、环氧丙烷和乙型丙内酯等，其中以环氧乙烷应用最为广泛，杀菌作用强大，灭菌效果可靠。

4. 醛类消毒剂

常用的有甲醛、戊二醛等。戊二醛是第三代化学消毒剂的代表，被称为冷灭菌剂，灭菌效果可靠，对物品腐蚀性小。

5. 酚类消毒剂

这是一类古老的中效消毒剂，常用的有石炭酸、来苏儿、复合酚类（农福）等。由于酚消毒剂对环境有污染，目前有些国家限制使用，在我国的应用也趋向减少。

6. 醇类消毒剂

主要用于皮肤术部消毒，如乙醇、异丙醇等消毒剂。这类消毒剂可以杀灭细菌繁殖体，但不能杀灭芽孢，属中效消毒剂。醇类消毒剂与戊二醛、碘伏等配伍，可以增强消毒效果。

7. 季铵盐类消毒剂

单链季铵盐类消毒剂是低效消毒剂，一般用于皮肤黏膜和环境表面消毒，如新洁尔灭、度米芬等。双链季铵盐阳离子表面活性剂，不仅可以杀灭多种细菌繁殖体而且对芽孢有一定杀灭作用，属于高效消毒剂。

8. 二胍类消毒剂

是一类低效消毒剂，不能杀灭细菌芽孢，但对细菌繁殖体的杀灭作用强大，一般用于皮肤黏膜的防腐，也可用于环境表面的消毒，如洗必泰等。

9. 酸碱类消毒剂

常用的酸类消毒剂有乳酸、醋酸、硼酸、水杨酸等；常用的碱类消毒剂有氢氧化钠（苛性钠）、氢氧化钾（苛性钾）、碳酸钠（石碱）、氧化钙（生石灰）等。

10. 重金属盐类消毒剂

主要用于皮肤黏膜的消毒防腐，有抑菌作用，但杀菌作用不强。常用的有红汞、硫柳汞、硝酸银等。

（三）按性状分类

消毒剂按性状可分为固体、液体和气体消毒剂三类。

二、化学消毒剂的选择与使用

（一）化学消毒剂的选择

消毒剂产品的问世，为预防和控制动物疫病起到了重要作用。理想的化学消毒剂应具备：杀菌谱广，作用速度快；性能稳定，便于储运；易溶于水，不着色，无残留，不污染环境；受有机物、酸碱和环境因素影响小；无毒、无味、无刺激、无腐蚀性，无致畸、致癌、致突变作用；不易燃易爆，使用安全；有效浓度低，可大量生产，使用方便，价格低廉。目前，还没有一种能够完全符合上述要求的消毒剂。因此，根据消毒剂和消毒对象的性质及环境选择合适的消毒剂是消毒工作成败的关键。在选择购买时应注意以下几个方面。

1. 选择合格的消毒产品

我国消毒产品的生产和销售实行审批制度，凡获批准的消毒产品在其使用说明书和标签上均有批准文号，无批准文号的产品千万不要购买。

2. 根据消毒对象选择消毒剂

消毒剂的种类很多，用途和用法也不尽相同，杀菌能力不同，对物品的损坏也有所不同。如有对皮肤黏膜消毒的、有对物体表面消毒的、有对空气消毒的、有对分泌物或排泄物等消毒的。购买消毒剂时，应根据消毒目的选购。因为不同用途的消毒剂审批时所考察的项目不同，所以选购时要看清其用途。目前，多用途的消毒剂越来越多，如过氧乙酸、二氧化氯、含氯消毒剂等，使用范围比较广，可根据需要选择。但对于书籍、电器等污染物品的消毒处理需选用环氧乙烷。

3. 根据消毒目的选择消毒剂

常规消毒用中低效消毒剂，终末消毒、疫情发生时用高效消毒剂，并考虑加大使用浓度和消毒密度。

4. 根据病原微生物的特性选择消毒剂

污染微生物的种类不同，对不同消毒剂的耐受性也不同。如细菌芽孢必须用杀菌力强的灭菌剂或高效消毒剂处理，才能取得较好效果。结核分枝杆菌对一般消毒剂的耐受力比其他细菌强。肠道病毒对过氧乙酸的耐受力与细菌繁殖体相近，但季铵盐类对之无效。肉毒梭菌易为碱破坏，但对酸耐受力强。至于其他细菌繁殖体和病毒、螺旋体、支原体、衣原体、立克次氏体对一般消毒处理耐受力均差。微生物对各类化学消毒剂的敏感性见表1-2。

表1-2 微生物对各类化学消毒剂的敏感性

消毒剂	G+菌	G-菌	抗酸菌	亲脂病毒	亲水病毒	真菌	芽孢
季铵盐类	++++	+++	-	+	-	-	-
氯己定	++++	+++	-	+	-	-	-
碘伏	++++	++++	-	-	-	-	-
醇类	++++	++++	++	++	-	-	-
酚类	++++	++++	++	++	-	+	-
双长链季铵盐	++++	++++	++	++	++	+	-
含氯类	++++	++++	+++	++	++	+++	++
过氧化物	++++	++++	++	++	++	++	++
环氧乙烷	++++	++++	++	++	++	+++	++
醛类	++++	++++	+++	++	+++	+	++

注：++++ 高度敏感；+++ 中度敏感；++ 抑制或可杀灭；- 抵抗

5. 注意消毒剂的保质期

超过保质期的产品消毒作用可能会减弱甚至消失。因此，购买时要留意产品的生产日期和保质期。

（二）化学消毒剂的使用

1. 化学消毒剂的使用方法

（1）浸泡法 选用杀菌谱广、腐蚀性弱、水溶性消毒剂，将物品浸没于消毒剂内，在标准的浓度和时间内，达到消毒灭菌目的。浸泡消毒时，消毒液连续使用过程中，消毒有效成分不断消耗，因此需要注意有效成分浓度变化，应及时添加或更换消毒液。当使用低效消毒剂浸泡时，需注意消毒液被污染的问题，从而避免疫源性的感染。

（2）擦拭法 选用易溶于水、穿透性强的消毒剂，擦拭物品表面或动物体表皮肤、黏膜、伤口等处。在标准的浓度和时间里达到消毒灭菌目的。

（3）喷洒法 将消毒液均匀喷洒在被消毒物体上。如用5%来苏儿溶液喷洒消毒畜禽舍地面等。

（4）喷雾法 将消毒液通过喷雾形式对物品表面、畜禽舍或动物体表消毒。

（5）发泡（泡沫）法　此法是自体表喷雾消毒后开发的又一新的消毒方法。所谓发泡消毒是把高浓度的消毒液用专用的发泡机制成泡沫，散布在畜禽舍内面及设施表面。主要用于水资源贫乏的地区，或为了避免消毒后的污水进入污水处理系统破坏活性污泥的活性以及自动环境控制的畜禽舍，一般用水量仅为常规消毒法的1/10。采用发泡消毒法，对一些形状复杂的器具、设备消毒时，由于泡沫能较好地附着在消毒对象的表面，故能得到较为一致的消毒效果，且延长了消毒剂作用时间。

（6）洗刷法　用毛刷等蘸取消毒剂溶液在消毒对象表面洗刷。如外科手术前术者的手用洗手刷在0.1%新洁尔灭溶液中洗刷消毒。

（7）冲洗法　将配制好的消毒液冲入直肠、瘘管、阴道等部位或冲洗物体表面消毒。这种方法消耗大量的消毒液，一般较少使用。

（8）熏蒸法　通过加热或加入氧化剂，使消毒剂呈气体或烟雾，在标准的浓度和时间里达到消毒灭菌目的。适用于畜禽舍内物品、空气消毒精密贵重仪器和不能蒸、煮、浸泡消毒的物品的消毒。环氧乙烷、甲醛、过氧乙酸以及含氯消毒剂均可通过此种方式消毒，熏蒸消毒时环境湿度是影响消毒效果的重要因素。

（9）撒布法　将粉剂型消毒剂均匀地撒布在消毒对象表面。如含氯消毒剂可直接用药物粉剂消毒处理，通常用于地面消毒。消毒时，需要较高的湿度使药物潮解才能发挥作用。

化学消毒剂的使用方法应依据其特点、消毒对象的性质及消毒现场的特点等合理选择。多数消毒剂既可以浸泡、擦拭消毒，也可喷雾处理，根据需要选用合适的消毒方法。如只在液体状态下才能发挥出较好消毒效果的消毒剂，一般采用液体喷洒、喷雾、浸泡、擦拭、洗刷、冲洗等方式。对空气或空间消毒时，可使用部分消毒剂熏蒸。同样消毒方法对不同性质的消毒对象，效果往往也不同。如光滑的表面，喷洒药液不易停留，应以冲洗、擦拭、洗刷、冲洗

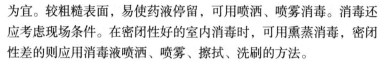

为宜。较粗糙表面，易使药液停留，可用喷洒、喷雾消毒。消毒还应考虑现场条件。在密闭性好的室内消毒时，可用熏蒸消毒，密闭性差的则应用消毒液喷洒、喷雾、擦拭、洗刷的方法。

2. 化学消毒剂使用注意事项

化学消毒剂使用前应认真阅读说明书，搞清其有效成分及含量，看清标签上的标示浓度及稀释倍数。消毒剂均以含有效成分的量表示，如含氯消毒剂以有效氯含量表示，60% 二氯异氰尿酸钠为原粉中含 60% 有效氯，对这类消毒剂稀释时不能将其当成 100% 计算使用浓度，而应按其实际含量计算。使用量以稀释倍数表示时，表示 1 份的消毒剂以若干份水稀释而成，如配制稀释倍数为 1 000 倍时，即在每 1 升水中加 1 毫升消毒剂。

使用量以"%"表示时，消毒剂浓度稀释配制计算公式为：$C_1V_1 = C_2V_2$（C_1 为稀释前溶液浓度，C_2 为稀释后溶液浓度，V_1 为稀释前溶液体积，V_2 为稀释后溶液体积）。

应根据消毒对象的不同，选择合适的消毒剂和消毒方法，联合或交替使用，以使各种消毒剂的作用优势互补，做到全面彻底地消灭病原微生物。

不同消毒剂的毒性、腐蚀性及刺激性均不同，如含氯消毒剂、过氧乙酸、二氧化氯等对金属制品有较大的腐蚀性，对织物有漂白作用，慎用于这种材质物品，如果使用，应在消毒后用水漂洗或用清水擦拭，以减轻对物品的损坏。预防性消毒时，应使用推荐剂量的低限。盲目、过度使用消毒剂，不仅造成浪费、损坏物品，也大量地杀死许多有益微生物，而且残留在环境中的化学物质越来越多，成为新的污染源，对环境造成严重后果。

多数消毒剂有效期为 1 年，少数仅为数月，如有些含氯消毒剂溶液。有些消毒剂原液比较稳定，但稀释成使用液后不稳定，如过氧乙酸、过氧化氢、二氧化氯等消毒液，稀释后不能放置时间过长。有些消毒液只能现生产现用，不能储存，如臭氧水、酸性氧化电位水等。

配制和使用消毒剂时应注意个人防护，注意安全，必要时应戴防护眼镜、口罩和手套等。消毒剂仅用于物体及外环境的消毒处理，切忌内服。

多数消毒剂在常温下于阴凉处避光保存。部分消毒剂易燃易爆，保存时应远离火源，如环氧乙烷和醇类消毒剂等。千万不要用盛放食品、饮料的空瓶灌装消毒液，如使用必须撤去原来的标签，贴上一张醒目的消毒剂标签。消毒液应放在儿童拿不到的地方，不要将消毒液放在厨房或与食物混放。万一误用了消毒剂，应立即采取紧急救治措施。

3. 化学消毒剂误用或中毒后的紧急处理

大量吸入化学消毒剂时，要迅速从有害环境撤到空气清新处，更换被污染的衣物，对手和其他暴露皮肤进行清洗，如大量接触或有明显不适的要尽快就近就诊；皮肤接触高浓度消毒剂后及时用大量流动清水冲洗，用淡肥皂水清洗，如皮肤仍有持续疼痛或刺激症状，要在冲洗后就近就诊；化学消毒剂溅入眼睛后立即用流动清水持续冲洗不少于 15 分钟，如仍有严重的眼花并疼痛、畏光、流泪等症状，要尽快就近就诊；误服化学消毒剂中毒时，成年人要立即口服牛奶 200 毫升，也可服用生蛋清 3~5 个。一般还要催吐、洗胃。含碘消毒剂中毒可立即服用大量米汤、淀粉浆等。出现严重胃肠道症状者，应立即就近就诊。

三、常用化学消毒剂

国际市场上消毒剂商品名目繁多。美国人医与兽医用的消毒剂品名 1 400 多种，但其中 92% 是由 14 种成分配制而成。我国消毒剂市场发展也很快，消毒剂的商品名已达 50~60 种，但按成分分类只有 7~8 种。

（一）醛类消毒剂

醛类消毒剂是使用最早的一类化学消毒剂，这类消毒剂抗菌谱广、杀菌作用强，具有杀灭细菌、芽孢、真菌和病毒的作用；性能稳定、容易保存和运输、腐蚀性小，而且价格便宜。广泛应用于畜禽舍的环境、用具、设备的消毒，尤其对疫源地芽孢消毒。近年来，利用醛类与其他消毒剂的协同作用以减低或消除其刺激性，提高其消毒效果和稳定性，研制出以醛类为主要成分的复方消毒剂，是当前研究的方向。由广东农业科学院兽医研究所研制的长效清（主要成分为甲醛和三羟甲基硝基甲烷）便是一种复方甲醛制剂，对各类病原体有快速杀灭作用，消毒池内可持续效力达 7 天以上。

1. 甲醛

又称蚁醛，有刺激性特臭，久置发生混浊。易溶于水和醇，水中有较好的稳定性。37%~40% 的甲醛溶液称为福尔马林，多聚甲醛（91%~94% 甲醛）。适用于环境、笼舍、用具、器械、污染物品等的消毒；常用的方法为喷洒、浸泡、熏蒸。一般以 2% 的福尔马林消毒器械，浸泡 1~2 小时。5%~10% 福尔马林溶液喷洒畜禽舍环境或每立方米空间用福尔马林 25 毫升，水 12.5 毫升，加热（或加等量高锰酸钾）熏蒸 12~24 小时后开窗通风。本品对眼睛和呼吸道有刺激作用，消毒时穿戴防护用具（口罩、手套、防护服等），熏蒸时人员、动物不可停留于消毒空间。

2. 戊二醛

为无色挥发性液体，其主要产品有碱性戊二醛、酸性戊二醛和强化中性戊二醛。杀菌性能优于甲醛 2~3 倍，具有高效、广谱、快速杀灭细菌繁殖体、细菌芽孢、真菌、病毒等微生物。适用于器械、污染物品、环境、粪便、圈舍、用具等的消毒，可采取浸泡、冲洗、清洗、喷洒等方法。2% 的碱性水溶液用于消毒诊疗器械，熏蒸用于消毒物体表面。2% 的碱性水溶液杀灭细菌繁殖体及真菌需 10~20 分钟，杀灭芽孢需 4~12 小时，杀灭病毒需 10 分钟。使用戊二醛消毒灭菌后的物品应用清水及时去除残留物质；保证足够的浓度（不低于 2%）和作用时间；灭菌处理前后的物品应保持干燥；本品对皮肤、黏膜有刺激作用，亦有致敏作用，应注意操作人员的保护；注意防腐蚀；可以带动物使用，但空气中最高允许浓度为 0.05 毫克 / 千克；戊二醛在 pH 值小于 5 时最稳定，pH 值 7~8.5 时杀菌作用最强，可杀灭金黄色葡萄球菌、大肠杆菌、肺炎双球菌和真菌，作用时间只需 1~2 分钟。兽医诊疗中不能加热消毒的诊疗器械均可采用戊二醛消毒（浓度为 0.125%~2.0%）。本品对环境易造成污染，英国现已停止使用。

（二）卤素及含卤化合物类消毒剂

主要有含氯消毒剂（包括次氯酸盐、各种有机氯消毒剂）、含碘消毒剂（包括碘酊、碘仿及各种不同载体的碘伏）和海因类卤化衍生物消毒剂。

1. 含氯消毒剂

是指在水中能产生具有杀菌作用的活性次氯酸的一类消毒剂，包括传统使用的无机含氯消毒剂，如次氯酸钠（10%~12%）、漂白粉（25%）、粉精（次氯酸钙为主，80%~85%）、氯化磷酸三钠（3%~5%）和有机氯消毒剂，如二氯异氰尿酸钠（60%~64%）、三氯异氰尿酸（87%~90%）、氯铵 T（24%）等，品种达数十种。

由于无机氯制剂的性质不稳定、难储存、强腐蚀等缺点，近年来国内外研究开发出性质稳定、易储存、低毒、含有效氯达 60%~90% 的有机氯。随着畜牧养殖业的飞速发展，以二氯异氰尿酸钠为原料制成的多种类型的消毒剂已得到了广泛开发和利用。

含氯消毒剂的优点是广谱、高效、价格低廉、使用方便，对细菌、芽孢和各种病毒均有较好的灭菌能力，其杀菌效果取决于有效氯的含量，含量越高，杀菌力越强。含氯消毒剂在低浓度时即可有效杀灭牛结核分枝杆菌、肠杆菌、肠球菌、金黄色葡萄球菌。含氯复合制剂对各种病毒，如口蹄疫病毒、猪传染性水疱病病毒、猪轮状病毒、猪传染性胃肠炎病毒、鸡新城疫病毒和鸡法氏囊病病毒等具有较强的杀灭作用。其缺点是在养殖场应用时受有机质、还原物质和 pH 值的影响大，在 pH 值为 4 时，杀菌作用最强；pH 值 8.0 以上，失去杀菌活性。受日光照射易分解，温度每升高 10℃，杀菌时间可缩短 50%~60%。含氯消毒剂的广泛使用也带来了环境污染问题，有研究表明有机氯有致癌作用。

（1）漂白粉 又称含氯石灰、氯化石灰。白色颗粒状粉末，主要成分是次氯酸钙，含有效氯 25%~32%，在一般保存过程中，有效氯每月可减少 1%~3%。杀菌谱广，作用强，对细菌、芽孢、病毒等均有效，但不持久。漂白粉干粉可用于地面和人、畜排泄物的消毒，其水溶液用于厕舍、畜栏、饲槽、车辆、饮水、污水等消毒。饮水消毒用 0.03%~0.15%，喷洒、喷雾用 5%~10% 乳液，也可以用干粉撒布。用漂白粉配制水溶液时应先加少量水，调成糊状，然后边加水边搅拌配成所需浓度的乳液使用，或静置沉淀，取澄清液使用。漂白粉应保存在密闭容器内，放在阴凉、干燥、通风处。漂白粉对织物有漂白作用，对金属制品有腐蚀性，对组织有刺激性，操作时应做好防护。

漂粉精，白色粉末，比漂白粉易溶于水且稳定，成分为次氯酸钙，含杂质少，有效氯含量 80%~85%。使用方法、范围与漂白粉相同。

（2）次氯酸钠　无色至浅黄绿色液体，存在铁时呈红色，含有效氯 10%~12%。为高效、快速、广谱消毒剂，可有效杀灭各种微生物，包括细菌、芽孢、病毒、真菌等。饮水的消毒，每立方米水加药 30~50 毫克，作用 30 分钟；环境消毒，每立方米水加药 20~50 克，搅匀后喷洒、喷雾或冲洗；食槽、用具等的消毒，每立方米加药 10~15 克，搅匀后刷洗并作用 30 分钟。本品对皮肤、黏膜有较强的刺激作用。水溶液不稳定，遇光和热都会加速分解，闭光密封保存有利于其稳定性。

氯胺 T 又称氯亚明，化学名为对甲基苯磺酰氯胺钠。商品名为海氯（halamid）。消毒作用温和持久，对组织刺激性和受有机物影响小。0.5%~1% 溶液，用于食槽、器皿消毒；3% 溶液，用于排泄物与分泌物消毒；0.1%~0.2% 溶液用于黏膜、阴道、子宫冲洗；1%~2% 溶液，用于创伤消毒；饮水消毒，每立方米用 2~4 毫克。与等量铵盐合用，可显著增强消毒作用。

（3）二氯异氰尿酸钠　又称优氯净，商品名为抗毒威。白色晶体，性质稳定，含有效氯 60%~64%，本品广谱、高效、低毒、无污染、储存稳定、易于运输、水溶性好、使用方便、使用范围广，为氯化异氰脲酸类产品的主导品种。20 世纪 90 年代以来，二氯异氰尿酸钠在剂型和用途方面已出现了多样化，由单一的水溶性粉剂，发展为烟熏剂、溶液剂、烟水两用剂（如得克斯消毒散）。烟碱、强力烟熏王等就是综合了国内现有烟雾消毒剂的特点，发展其烟雾量大、扩散渗透力强的优势，从而达到杀菌快速、全面的效果。二氯异氰尿酸钠能有效快速杀灭各种细菌、真菌、芽孢、霉菌、霍乱弧菌。用于各种用具的消毒及乳牛的乳头浸泡，防止链球菌或葡萄球菌感染的乳腺炎；兽医诊疗场所、用具、垃圾和空间消毒，化验器皿、器具的无菌处理和物体表面消毒；预防鱼类由细菌、病毒、寄生虫等所引起的疾病。饮水消毒，每立方米水用药 10 毫克；环境消毒，每立方米加药 1~2 克，搅匀后喷洒或喷雾地面、厩舍；粪便、排泄物、污物等消毒，每立方米水加药 5~10克，搅匀后浸泡 30~60 分钟；食槽、用具等消毒，每立方米水加药 2~3 克，搅匀后刷洗作用 30 分钟；非腐蚀性兽医用品消毒，每立方米加药 2~4 克，搅匀后浸泡 15~30 分钟。可带畜、禽喷雾消毒；本品水溶液不稳定，有较强的刺激性，对金属有腐蚀性，对纺织品有损坏作用。

（4）三氯异氰尿酸　白色结晶粉末，微溶于水，易溶于丙酮和碱溶液，是一种高效的消毒杀菌漂白剂，含有效氯 89.7%。具有强烈的消毒杀菌与漂白作用，其效率高于一般的氯化剂，特别适合于水的消毒杀菌。水中溶解后，水解为次氯酸和氰尿酸，无二次污染，是一种高效、安全的杀菌消毒和漂白剂。用于饮用水的消毒杀菌处理及畜牧、水产、传染病疫源地的消毒杀菌。

2. 含碘消毒剂

含碘消毒剂包括碘及碘为主要杀菌成分制成的各种制剂，常用的有碘、碘酊、碘甘油、碘伏等，用于皮肤、黏膜消毒和手术器械的灭菌。

（1）碘酒　又称碘酊，是一种温和的碘消毒剂溶液，兽医上一般配成 5%（W/V）。常用于免疫、注射部位、外科手术部位皮肤以及各种创伤、感染的皮肤或黏膜消毒。

（2）碘甘油　含有效碘 1%，常用于鼻腔黏膜、口腔黏膜及幼畜的皮肤和母畜的乳房皮肤消毒、清洗脓腔。

（3）碘伏　由于碘水溶性差、易升华、分解，对皮肤黏膜有刺激性和较强的腐蚀性等缺点，限制了其在畜牧兽医上的广泛应用。因此，20世纪70~80年代国外发展了一种碘释放剂，我国称碘伏，即将碘载在表面活性剂（非离子、阳离子及阴离子）、聚合物如聚乙烯吡咯烷酮（PVP）、天然物（淀粉、糊精、纤维素）等载体上，其中以非离子表面活性剂最好。目前，国内已有多个厂家生产此类产品，如爱迪伏、碘福、爱好生、威力碘、碘伏、爱得福、消毒劲、强力碘以及美国打入大陆市场的百毒消等。百毒消具有获世界专利的独特配方，有零缺点消毒剂的美称，多年来一直是全球畜牧行业首选的消毒剂。南京大学化学系研制成功的固体碘伏即PVPI，在山东、江苏、深圳均有厂家生产，商品名为安得福、安多福。碘伏高效、快速、低毒、广谱，兼有清洁剂之作用。对各种细菌繁殖体、芽孢、病毒、真菌、结核分枝杆菌、螺旋体、衣原体及滴虫等有较强的杀灭作用。在兽医临床常用于：饮水消毒，每立方米水加5%碘伏0.2克即可饮用；黏膜消毒，用0.2%碘伏溶液直接冲洗阴道、子宫、乳室等；清创处理，用浓度0.3%~0.5%碘伏溶液直接冲洗创口，清洗伤口分泌物、腐败组织。也可用于临产前母畜乳头、会阴部位的清洗消毒。碘伏要求在pH值2~5范围内使用，如pH值为2以下则对金属有腐蚀作用。其灭菌浓度10毫升/升（1分钟），常规消毒浓度15~75毫克/升。碘伏易受碱性物质及还原性物质影响，日光也能加速碘的分解，因此环境消毒受到限制。

3. 海因类卤化衍生物消毒剂

二甲基海因（5，5-二甲基乙内酰脲，DMH）的卤化衍生物均有很好的杀菌作用，对病毒、藻类和真菌也有杀灭作用。常用的有二氯海因、二溴海因、溴氯海因等，其中二溴海因最好。本类消毒剂应贮存在阴凉、干燥的环境中，严禁与有毒、有害物品混放，以免污染。

（1）二溴海因（DBDMH）　为白色或淡黄色结晶性粉末，微溶于水，溶于氯仿、乙醇等有机溶剂，在强酸或强碱中易分解，干燥时稳定，有轻微的刺激气味。本品是一种高效、安全、广谱杀菌消毒剂，具有强烈杀菌、细菌、病毒和芽孢的效果，且具有杀灭水体不良藻类的功效。可广泛用于畜禽养殖场所及用具、水产养殖业、饮水、水体消毒。一般消毒，250~500 毫克/升，作用 10~30 分钟；特殊污染消毒，500~1 000 毫克/升，作用 20~30 分钟；诊疗器械用 1 000 毫克/升，作用 1 小时；饮水消毒，根据水质情况，加溴量 2~10 毫克/升；用具消毒，用 1 000 毫克/升，喷雾或超声雾化 10 分钟，作用 15 分钟。

（2）二氯海因（DCDMH） 为白色结晶粉末，微溶于水，溶于多种有机溶剂与油类，在水中加热易分解，工业品有效氯含量 70% 以上，氯气味比三氯异氰尿酸或二氯异氰尿酸钠小得多，其消毒最佳 pH 值为 5~7，消毒后残留物可在短时间内生物降解，对环境无任何污染。主要作为杀菌、灭藻剂，可有效杀灭各种细菌、真菌、病毒、藻类等，广泛用于水产养殖、水体、器具、环境、工作服及动物体表的消毒杀菌。

（3）溴氯海因（BCDMH） 为淡琥珀色结晶性粉末，可进一步加工成片剂，气味小，微溶于水，稍溶于某些有机溶剂，干燥时稳定，吸潮时易分解。本产品主要用作水处理剂、消毒杀菌剂等，具有高效、广谱、安全、稳定的特点，能强烈杀灭真菌、细菌、病毒和藻类。在水产养殖中也有广泛的应用。使用本品后，能改善水质，水中氨、氮下降，溶解氧上升，维护浮游生物优良种群，且残留物短期内可生物降解完全，无任何环境污染。使用本品时不受水体 pH 值和水质肥瘦影响，且具有缓释性，有效性持续长。

（三）氧化剂类消毒剂

此类消毒剂具有强氧化能力，各种微生物对其十分敏感，可将所有微生物杀灭，广谱、高效，特别适合饮水消毒。主要有过氧乙酸、过氧化氢、臭氧、二氧化氯、高锰酸钾等，其优点是消毒后在物品上不留残余毒性。由于化学性质不稳定须现用现配，且因其氧化能力强，高浓度时可刺激、损害皮肤黏膜，腐蚀物品。

1. 过氧乙酸

过氧乙酸是一种无色或淡黄色的透明液体，易挥发、分解，有很强的刺激性醋酸味，易溶于水和有机溶剂。市售有一元包装和二元包装两种规格，一元包装可直接使用；二元包装，它是指由A、B两个组分分别包装的过氧乙酸消毒剂，A液为处理过的冰醋酸，B液为一定浓度的过氧化氢溶液。临用前一天，将A和B按A：B=10：8（W/W）或12：10（V/V）混合后摇匀，第二天过氧乙酸的含量高达18%~20%。若温度在30℃左右混合后6小时浓度可达20%，使用时按要求稀释，用于浸泡、喷雾、熏蒸消毒。配制液应在常温下2天内用完，4℃下使用不得超过10天。过氧乙酸常用于被污染物品或皮肤消毒，用0.2%~0.5%过氧乙酸溶液，喷洒或擦拭表面，保持湿润，消毒30分钟后，用清水擦净；0.1%~0.5%的溶液可用于消毒蛋外壳。手、皮肤消毒，用0.2%过氧乙酸溶液擦拭或浸洗1~2分钟；在无动物环境中可用于空气消毒，用0.5%过氧乙酸溶液，每立方米20毫升，气溶胶喷雾，密闭消毒30分钟，或用15%过氧乙酸溶液，每立方米7毫升，置瓷或玻璃器皿内，加入等量的水，加热蒸发，密闭熏蒸（室内相对湿度在60%~80%），2小时后开窗通风。车、船等运输工具内外表面和空间，可用0.5%过氧乙酸溶液喷洒至表面湿润，作用15~30分钟。温度越高杀菌力越强，但温度降至-20℃时，仍有明显杀菌作用。过氧乙酸稀释后不能放置时间过长，须现用现配。因其有强腐蚀性，较大的刺激性，配制、使用时应戴防酸手套、防护镜，严禁用金属制容器盛装。成品消毒剂须避光4℃保存，容器不能装满，严禁暴晒。在搬运、移动时，应注意小心轻放，不要拖拉、摔碰、摩擦、撞击。

2. 过氧化氢

又称双氧水，为强腐蚀性、微酸性、无色透明液体，深层时略带淡蓝色，能与水任何比例混合，具有漂白作用。可快速灭活多种微生物，如致病性细菌、细菌芽孢、酵母、真菌孢子、病毒等，并分解成无害的水和氧。气雾用于空气、物体表面消毒，溶液用于饮水器、饲槽、用具、手等消毒。畜禽舍空气消毒时使用 1.5%~3% 过氧化氢喷雾，每立方米 20 毫升，作用 30~60 分钟，消毒后进行通风。10% 过氧化氢可杀灭芽孢。温度越高杀菌力越强，空气的相对湿度在 20%~80% 时，湿度越大，杀菌力越强，相对湿度低于 20%，杀菌力较差，浓度越高杀菌力越强。过氧化氢有强腐蚀性，避免用金属制容器盛装；配制、使用时应戴防护手套、防护镜，须现用现配；成品消毒剂避光保存，严禁暴晒。

3. 臭氧

臭氧是一种强氧化剂，具有广谱杀灭微生物的作用，溶于水时杀菌作用更为明显，能有效地杀灭细菌、病毒、芽孢、包囊、真菌孢子等，对原虫及其卵囊也有很好的杀灭作用，还兼有除臭、增加畜禽舍内氧气含量的作用，用于空气、水体、用具等的消毒。饮水消毒时，臭氧浓度为 0.5~1.5 毫克/升，水中余臭氧量 0.1~0.5 毫克/升，维持 5~10 分钟可达到消毒要求，在水质较差时，用 3~6 毫克/升。国外报告，臭氧对病毒的灭活程度与臭氧浓度高度相关，而与接触时间关系不大。随温度的升高，臭氧的杀菌作用加强。但与其他消毒剂相比，臭氧的消毒效果受温度影响较小。臭氧在人医上已广泛使用，但在兽医上则是一种新型的消毒剂。在常温和空气相对湿度 82% 的条件下，臭氧对在空气中的自然菌的杀灭率为 96.77%，对物体表面的大肠杆菌、金黄色葡萄球菌等的杀灭率为 99.97%。臭氧的稳定性差，有一定腐蚀性的毒性，受有机物影响较大，但使用方便、刺激性低、作用快速、无残留污染。

4. 二氧化氯

二氧化氯在常温下为黄绿色气体或红色爆炸性结晶，具有强烈的刺激性，对温度、压力和光均较敏感。20 世纪 70 年代末期，由美国 Bio-Cide 国际有限公司找到一种方法将二氧化氯制成水溶液，这种二氧化氯水溶液就是百合兴，被称为稳定性二氧化氯。该消毒剂为无色、无味、无嗅、无腐蚀作用的透明液体，是目前国际上公认的高效、广谱、快速、安全、无残留、不污染环境的第四代灭菌消毒剂。美国环境保护部门在 20 世纪 70 年代就进行过反复检测，证明其杀菌效果比一般含氯消毒剂高 2.5 倍，而且在杀菌消毒过程中还不会使蛋白质变性，对人、畜、水产品无害，无致癌、致畸、致突变性，是一种安全可靠的消毒剂。美国食品药品管理局和美国环境保护署批准广泛应用于工农业生产、畜禽养殖、动物、宠物的卫生防疫中。在目前，发达国家已将二氧化氯应用到几乎所有需要杀菌消毒领域，被世界卫生组织列为 AI 级高效安全灭菌消毒剂，是世界粮农组织推荐使用的优质环保型消毒剂，正在逐步取代醛类、酚类、氯制剂类、季铵类，为一种高效消毒剂。国外 20 世纪 80 年代在畜牧业上推广使用，国内已有此类产品生产、出售，如氧氯灵、超氯（菌毒王）等。

本品适用于畜禽活动场所的环境、场地、栏舍、饮水及饲喂用具等方面消毒，能杀灭各种细菌、病毒、真菌等微生物及藻类及原虫，目前尚未发现能够抵抗其氧化性而不被杀灭的微生物。本品兼有去污、除腥、除臭之功能，是养殖行业理想的灭菌消毒剂，现已较多地用于牛奶场、家禽养殖场的消毒。用于环境、空气、场地、笼具喷洒消毒，浓度为 200 毫克/升；畜禽饮水消毒，0.5 毫克/升；饲料防霉，每吨饲料用浓度 100 毫克/升的消毒液 100 毫升，喷雾；宠物、动物体表消毒，200 毫克/升，喷雾至表面微湿；牲畜产房消毒，500 毫克/升，喷雾至垫草微湿；预防各种细菌、病毒传染，500 毫克/升，喷洒；烈性传染病及疫源地消毒，1 000 毫克/升，喷洒。

5. 酸性氧化电位水

20 世纪 80 年代中后期日本发明的高氧化还原电位（+1 100 毫伏）、低 pH 值（2.3~2.7）、含少量次氯酸（溶解氯浓度 20~50 毫克/升）的一种新型消毒水。我国在 20 世纪 90 年代中期引进了酸性氧化电位水，我国第一台酸性氧化电位水发生器已由清华紫光研制成功。酸性氧化电位水最先用于医药领域，以后逐步扩展到食品加工、农业、餐饮、旅游、家庭等领域。酸性氧化电位水杀菌谱广，可杀灭一切病原微生物（细菌、芽孢、病毒、真菌、螺旋体等）；作用速度快，数十秒钟完全灭活细菌，使病毒完全失去抗原性；使用方便，取之即用，无须配制；无色、无味、无刺激；无毒、无害、无任何毒副作用，对环境无污染；价格低廉；对易氧化金属（铜、铝、铁等）有一定腐蚀性，对不锈钢和碳钢无腐蚀性，因此浸泡器械时间不宜过长；在一定程度上受有机物的影响，因此，清洗创面时应大量冲洗或直接浸泡，消毒时最好事先将被消毒物用清水洗干净；稳定性较差，遇光和空气及有机物可还原成普通水（室温开放保存4天；室温密闭保存30天；冷藏密闭保存可达90天），最好近期配制使用；贮存时最好选用不透明、非金属容器，应密闭、遮光保存，40℃以下使用。

6. 高锰酸钾

强氧化剂，可有效杀灭细菌繁殖体、真菌、细菌芽孢和部分病毒。主要用于皮肤黏膜消毒，100~200毫克/升；物体表面消毒，1~2克/升；饲料饮水消毒，50~100毫克/升；冲洗脓腔、生殖道、乳房等的消毒，50毫克/升；浸洗种蛋和环境消毒，浓度5克/升。

（四）烷基化气体消毒剂

一类主要通过对微生物的蛋白质、DNA和RNA的烷基化作用而将微生物灭活的消毒灭菌剂，对各种微生物均可杀灭，包括细菌繁殖体、芽孢、分枝杆菌、真菌和病毒；杀菌力强，对物品无损害。主要包括环氧乙烷、乙型丙内酯、环氧丙烷、溴化甲烷等，其中环氧乙烷应用比较广泛，其他在兽医消毒上应用不多。

环氧乙烷在常温常压下为无色气体，具有芳香的醚味，当温度低于10.8℃时，气体液化。环氧乙烷液体无色透明，极易溶于水，遇水产生有毒的乙二醇。环氧乙烷可杀灭所有微生物，而且细菌繁殖体和芽孢对环氧乙烷的敏感性差异很小，穿透力强，对大多数物品无损害，属于高效消毒剂，常用于皮毛、塑料、医疗器械、用具、包装材料、畜禽舍、仓库等的消毒或灭菌。杀灭细菌繁殖体，每立方米空间用300~400克作用8小时；杀灭污染霉菌，每立方米空间用700~950克作用8~16小时；杀灭细菌芽孢，每立方米空间用800~1700克作用16~24小时。环氧乙烷气体消毒时，最适宜的相对湿度是30%~50%，温度以40~54℃为宜，不应低于18℃。消毒时间越长，消毒效果越好，一般为8~24小时。

消毒过程中注意防火防爆，防止消毒袋、柜泄露，控制温、湿度，不用于饮水和食品消毒。工作人员发生头晕、头痛、呕吐、腹泻、呼吸困难等中毒症状时，应立即移离现场，脱去污染衣物，注意休息、保暖，加强监护。如环氧乙烷液体沾染皮肤，应立即用大量清水或3%硼酸溶液反复冲洗。皮肤症状较重或不缓解，应去医院就诊。眼睛污染者，于清水冲洗15分钟后点四环素可的松眼膏。

（五）酚类消毒剂

酚类消毒剂为一种最古老的消毒剂，19世纪末出现的商品名为来苏儿的消毒剂，就是酚类消毒剂。目前国内兽医消毒用酚类消毒剂的代表品种是，20世纪80年代我国从英国引进的复合酚类消毒剂——农福，国内也出现了许多类似产品，如菌毒敌、农富复合酚、菌毒净、菌毒灭、畜禽安等。其有效成分是烷基酚，是从煤焦油中高温分离出的焦油酸，焦油酸中含的酚是混合酚类，所以又称复合酚。由广东省农业科学院兽医研究所研制的消毒灵是国内第一个符合农福标准的复合酚消毒药。这类消毒剂适用于畜禽舍环境消毒，对各种细菌灭菌力强，对带膜病毒具有灭活能力，但对结核分枝杆菌、芽孢、无囊膜病毒（如法氏囊病毒、口蹄疫病毒）和霉菌杀灭效果不理想。酚类消毒剂受有机物影响小，适用于养殖环境消毒，且pH值越低，消毒效果越好，遇碱性物质则影响效力。由于酚类化合物有气味滞留，对人畜有毒，不宜用做养殖期间消毒，对畜禽体表消毒也受到限制。另外，国外也研制出可专门用于杀灭鸡球虫的邻位苯基酚。

1. 石炭酸

又称苯酸，为带有特殊气味的无色或淡红色针状、块状或三棱形结晶，可溶于水或乙醇。性质稳定，可长期保存。可有效杀灭细菌繁殖体、真菌和部分亲脂性病毒。用于物体表面、环境和器械浸泡消毒，常用浓度为3%~5%。本品具有一定毒性和不良气味，不可直接用于黏膜消毒；能使橡胶制品变脆变硬；对环境有一定污染。近年来，由于许多安全、低毒、高效的消毒剂问世，石炭酸这种古老的消毒剂已很少应用。

2. 煤酚皂溶液

又称来苏儿，黄棕色至红棕色黏稠液体，为甲醛、植物油、氢氧化钠的皂化液，含甲酚 50%。可溶于水及醇溶液，能有效杀灭细菌繁殖体、真菌和大部分病毒。1%~2% 溶液用于手、皮肤消毒 3 分钟，目前已较少使用；3%~5% 溶液用于器械、用具、畜禽舍地面、墙壁消毒；5%~10% 溶液用于环境、排泄物及实验室废弃细菌材料的消毒。本品对黏膜和皮肤有腐蚀作用，需稀释后应用。因其杀菌能力相对较差，且对人畜有毒，有气味滞留，有被其他消毒剂取代的趋势。

3. 复合酚

是一种新型、广谱、高效、无腐蚀的复合酚类消毒剂，国内同类商品较多。主要用于环境消毒，常规预防消毒稀释配比 1：300，病原污染的场地及运载车辆可用 1：100 喷雾消毒。严禁与碱性药品或其他消毒液混合使用，以免降低消毒效果。

（六）季铵盐类消毒剂

季铵盐类消毒剂为阳离子表面活性剂，具有除臭、清洁和表面消毒的作用。季铵盐消毒剂的发展已经历了五代。第一代是洁尔灭；第二代是在洁尔灭分子结构上加烷基或氯取代基；第三代为第一代与第二代混配制剂，如日本的 Pacoma、韩国的 Save 等；第四代为笨氧基苄基铵，国外称 Hyamine 类；第五代是双长链二甲基铵。早期有百毒杀（主剂为溴化二甲基二癸基铵），敌菌杀，国外商品有 Deciquam222、Bromo-Sept50、以色列 ABIC 公司的 Bromo-Sept 百乐水等。后期又发展氯盐，即氯化二甲基二癸基铵，日本商品名为 Astop（DDAC），欧洲商品名为 Bardac。国内也有数种同类产品，如畜禽安、铵福、K 酉安、瑞得士、信得菌毒杀、1210 消毒剂等。

季铵盐类消毒剂性能稳定，pH 值在 6~8 时，受 pH 值变化影响小，碱性环境能提高药效，还有低腐蚀、低刺激性、低毒等特点，对有机质及硬水还有一定抵抗力。早期季铵盐对病毒灭活力差，但是双长链季铵盐，除对各种细菌有效外，对马立克氏病毒、新城疫病毒、猪瘟病毒等均有良好的效果。但季铵盐对芽孢及无囊膜病毒（如法氏囊病毒、口蹄疫病毒等）效力差。此类消毒剂的配伍禁忌多，使用范围受限制。季铵盐类消毒剂如果与其他消毒剂科学组成复方制剂，可弥补上述不足，形成一种既能杀灭细菌又能杀灭病毒的安全无刺激性的复方消毒制剂。目前，季铵盐类多复合戊二醛，制成复合消毒剂，从而克服了季铵盐的不足，将在兽医上有广泛的应用前景。

1. 苯扎溴铵

又称新洁尔灭或溴苄烷铵，为淡黄色胶状液体，具有芳香气味，极苦，易溶于水和乙醇，溶液无色透明，性质较稳定，价格低廉，市售产品的浓度为5%。0.05%~0.1%的水溶液用于手术前洗手消毒、皮肤和黏膜消毒，0.15%~2%水溶液用于畜禽舍空间喷雾消毒，0.1%用于种蛋消毒等。本品现配现用，确保容器清洁，不可用作器械消毒，不宜作污染物品、排泄物的消毒。

度米芬又称消毒宁，为白色或微黄色的结晶片剂或粉剂，味微苦而带皂味，能溶于水或乙醇，性能稳定。其杀菌范围及用途与新洁尔灭相似。

2. 百毒杀

为双长链季铵盐类消毒剂，双长链季铵盐代表性化合物主要有溴化二甲基二癸基铵（百毒杀）和氯化二甲基二癸基铵（1210消毒剂），具有毒性低，无刺激性，无不良气味，推荐使用剂量对人、畜禽绝对无毒，对用具无腐蚀性，消毒力可持续10~14天。饮水消毒，预防量按有效药量10 000~20 000倍稀释；疫病发生时可按5 000~10 000倍稀释。畜禽舍及环境、用具消毒，预防消毒按3 000倍稀释，疫病发生时按1 000倍稀释；鸡体喷雾消毒、种蛋消毒可按3 000倍稀释；孵化室及设备可按2 000~3 000倍稀释喷雾消毒。

（七）醇类消毒剂

醇类消毒剂具有随着分子量的增加，杀菌作用增强的特点，但分子量过大，水溶性降低，反而难以使用，实际工作中应用最广泛的是乙醇。

1. 乙醇

又称酒精，为无色透明液体，有较强的酒气味，在室温下易挥发、易燃。可快速、有效地杀灭多种微生物，如细菌繁殖体、真菌和多种病毒，但不能杀灭细菌芽孢。市售的医用乙醇浓度，按重量计算为92.3%（W/W），按体积计算为95%（V/V）。乙醇最佳使用浓度为70%（W/W）或75%（V/V）。配制75%（V/V）乙醇方法：取一适当容量的量杯（筒），量取95%（V/V）乙醇75毫升，加蒸馏水至总体积为95毫升，混匀即成；配制70%（W/W）乙醇方法：取一容器，称取92.3%（W/W）乙醇70克，加蒸馏水至总重量为92.3克，混匀即成。常用于皮肤消毒、物体表面消毒、皮肤消毒脱碘、诊疗器械和器材擦拭消毒。近年来，较多使用70%（W/W）乙醇与氯己定、新洁尔灭等复配的消毒剂，效果有明显的增强作用。

2. 异丙醇

为无色透明、易挥发、可燃性液体，具有类似乙醇与丙酮的混合气味。其杀菌效果和作用机制与乙醇类似，杀菌效力比乙醇强，但毒性比乙醇高，只能用于物体表面及环境消毒。可杀灭细菌繁殖体、真菌、分枝杆菌及灭活病毒，但不能杀灭细菌芽孢。常用50%~70%（V/V）水溶液擦拭或浸泡5~60分钟。国外常将其与洗必泰配伍使用。

（八）胍类消毒剂

此类消毒剂中，氯己定已得到广泛应用。近年来，国外又报道了一种新的胍类消毒剂，即盐酸聚六亚甲基胍消毒剂。

1. 氯己定

又称洗必泰，为白色结晶粉末，无臭但味苦，微溶于水和乙醇，溶液呈碱性。杀菌谱与季铵盐类相似，具有广谱抑菌作用，对细菌繁殖体、真菌有较强的杀灭作用，但不能杀灭细菌芽孢、结核分枝杆菌和病毒。因其性能稳定、无刺激性、腐蚀性低、使用方便，是一种用途较广的消毒剂。0.02%~0.05%水溶液用于饲养人员、手术前洗手消毒浸泡 3 分钟；0.05% 水溶液用于冲洗创伤；0.01%~0.1% 水溶液可用于阴道、膀胱等冲洗。洗必泰（0.5%）在酒精（70%）作用及碱性条件下可使其灭菌效力增强，可用于术部消毒。但有机质、肥皂、硬水等会降低其活性。配制好的水溶液最好 7 天内用完。

2. 盐酸聚六亚甲基胍

为白色无定形粉末，无特殊气味，易溶于水，水溶液无色至淡黄色。对细菌和病毒有较强的杀灭作用，作用快速，稳定性好，无毒、无腐蚀性，可降解，对环境无污染。用于饮水、水体消毒除藻及皮肤黏膜和环境消毒，一般浓度为 2 000~5 000 毫克 / 升。

（九）其他化学消毒剂

1. 乳酸

是一种有机酸，为无色澄明或微黄色的黏性液体，能与水或醇任意混合。本品对伤寒杆菌、大肠杆菌、葡萄球菌及链球菌具有杀灭和抵制作用。黏膜消毒浓度为 200 毫克 / 升，空气熏蒸消毒为 1 000 毫克 / 升。

2. 醋酸

为无色透明液体，有强烈酸味，能与水或醇任意混合。其杀菌和抑菌作用与乳酸相同，但比乳酸弱，可用于空气消毒。

3. 氢氧化钠

为碱性消毒剂的代表产品。浓度为 1% 时主要用于玻璃器皿的消毒；2%~5% 时用于环境、污物、粪便等的消毒。本品具有较强的腐蚀性，消毒时应注意防护，消毒 12 小时后用水冲洗干净。

4. 生石灰

又称氧化钙，为白色块状或粉状物，加水后产热并形成氢氧化钙，呈强碱性。本品可杀死多种病原菌，但对芽孢无效，常用 20% 石灰乳溶液进行环境、圈舍、地面、垫料、粪便及污水沟等的消毒。生石灰应干燥保存，以免潮解失效；石灰乳应现用现配，最好当天用完。

第二章
◀◀◀ 鸡场消毒技术 ▶▶▶

第一节　常用消毒方法

一、饮水消毒法

饮水是鸡群疾病传播的一个重要途径。病鸡可通过饮水系统将病毒或细菌传给健康的鸡，从而引发呼吸、消化等系统疾病。饮水中加入适量的消毒药物，可以杀死水中带有的细菌和病毒。饮水消毒主要可控制大肠杆菌、沙门氏菌、葡萄球菌、支原体及一些病毒性病原微生物，对控制饮水系统中的黏液细菌也极为有效。

饮水消毒可以选择的消毒剂种类很多，常用的有氯制剂、复合季铵盐类等。消毒药可以直接加入蓄水池或水箱中，用药量应以最远端饮水器或水槽中的有效浓度达到该类消毒药的最适饮水浓度为宜。

饮水消毒时还要注意，高浓度的氯可引起鸡腹泻，生产力下降，尤其在雏鸡阶段不能用超过 10×10^{-6} 的氯制剂饮水，而且氯对霉菌无作用，如果鸡只发生嗉囊霉菌病时，需在水中加碘消毒，浓度为 12×10^{-6}。同时，在饮水免疫、滴口免疫及喷雾免疫的前后2天，或饮水中加入其他有配伍禁忌的药物时，应暂停饮水消毒。除此之外，饮水消毒在整个饲养期不应间断。

二、喷雾消毒法

喷雾消毒是指用化学消毒药物按规定比例稀释，装入喷雾器内，对鸡舍四壁、地面、饲槽、圈舍周围地面、运动场以及活禽交易市场、鸡体表面、运载车辆等进行的消毒，常用于带鸡消毒和净舍消毒。

喷雾消毒时必须准确把握消毒液的浓度，保证消毒液的用量并彻底喷雾到各处，不留死角，均匀喷雾；消毒液要使用多种并经常更换使用，但不可同时混用；尽量用较热的溶剂溶解消毒药品，彻底溶解消毒药物能提高消毒效果。

三、熏蒸消毒法

熏蒸消毒法是对特定可封闭空间及内部进行表面消毒所使用的方法。它是利用福尔马林（40%的甲醛溶液）与高锰酸钾发生化学反应，快速释放出甲醛气体，经过一定时间杀死病原微生物，是一种消毒效果非常理想的消毒方法。熏蒸消毒最大的优点是熏蒸药物能均匀地分布到禽舍的各个角落，消毒全面彻底、省事省力，特别适用于禽舍内空气污染的消毒。甲醛能使菌体蛋白质变性凝固和溶解菌体类脂，可以杀灭物体表面和空气中的细菌繁殖体、芽孢下真菌和病毒。

（一）操作方法

1. 熏蒸前的准备工作

（1）密闭鸡舍 熏蒸消毒的鸡舍必须冲洗干净，除熏蒸人员出入的门以外，其余门窗都应关闭封好，保证鸡舍的密闭性。

（2）药品配合 福尔马林（40%的甲醛溶液）28毫升/米^{3}空间，高锰酸钾14克/米^{3}空间，水10毫升/米^{3}空间。若为刚发过病的鸡舍，可用3倍的消毒浓度，即每立方米空间用福尔马林42毫升，高锰酸钾21克。

（3）熏蒸器具 足够深足够容积的耐热的容器。

（4）药品的分装和放置 根据鸡舍的长度、药品的数量、容器的数量分成几组，每组保持一定间隔，能够均匀排放，每组药品数量一致，高锰酸钾和福尔马林的比例为1:2，并对应放置好。

（5）鸡舍温度和湿度 福尔马林熏蒸要求适宜的温度25℃，湿度60%~70%。在冬季熏蒸消毒时，应对鸡舍提前预温，并洒水提高湿度。

2.熏蒸时的操作

将熏蒸人员分成几组，依次从舍内至门口排列好，在倒福尔马林时应严格按照从舍内向门口的顺序依次倒入高锰酸钾中，下一组人员应在第一组人员撤到他身后时开始操作，倒完后迅速撤离，在最后一组倒完后，迅速关闭鸡舍门，并封严。

3.熏蒸时间

建议时间不低于48小时，48小时后打开门窗通风，降低舍内甲醛气味，待气味消除后准备进雏。

（二）熏蒸消毒注意事项

1.禽舍要密闭完好

甲醛气体含量越高，消毒效果越好。为了防止气体逸出舍外，在禽舍熏蒸消毒之前，一定要检查禽舍的密闭性，对门窗无玻璃或不全者装上玻璃，若有缝隙，应贴上塑料布、报纸或胶带等，以防漏气。

2.盛放药液的容器要耐腐蚀、体积大

高锰酸钾和福尔马林具有腐蚀性，混合后反应剧烈，释放热量，一般可持续10~30分钟，因此，盛放药品的容器应足够大，并耐腐蚀。

3.配合其他消毒方法

甲醛只能对物体的表面消毒，所以在熏蒸消毒之前应进行机械性清除和喷洒消毒，效果会更好。

4.提供较高的温度和湿度

一般舍温不应低于18℃，相对湿度以60%~80%为好。当舍温在26℃以上，相对湿度在80%以上时，消毒效果最好。

5.药物的剂量、浓度和比例要合适

福尔马林毫升数与高锰酸钾克数之比为2：1。一般按福尔马林30毫升/米^3、高锰酸钾15克/米^{3}和常水15毫升/米^{3}计算用量。

6.消毒方法适当，确保人畜安全

操作时，先将水倒入陶瓷或搪瓷容器内，然后加入高锰酸钾，搅拌均匀，再加入福尔马林，人即离开，密闭禽舍。用于熏蒸的容器应尽量靠近门，以便操作人员能迅速撤离。操作人员要避免甲醛与皮肤接触，消毒时必须空舍。

7. 维持一定的消毒时间

要求熏蒸消毒 24 小时以上，如不急用，可密闭 2 周。

8. 熏蒸消毒后逸散气体

消毒后禽舍内甲醛气味较浓、有刺激性，因此，要打开禽舍门窗，通风换气 2 天以上，等甲醛气体完全逸散后再使用。如急需使用时，可用氨气中和甲醛，按空间用氯化铵 5 克 / 米^3、生石灰 10 克 / 米^3、75℃热水 10 毫升 / 米^3，混合后放入容器内，即可放出氨气（也可用氨水来代替，用量按 25% 氨水 15 毫升 / 米^3 计算）。30 分钟后打开禽舍门窗，通风 30~60 分钟后即可进禽。

四、浸泡消毒法

浸泡消毒法指将待消毒物品全部浸没于规定药物、规定浓度的消毒剂溶液内，或将被病原污染的动物浸泡于规定药物、规定浓度的消毒剂溶液内，按规定时间进行浸泡，以杀灭其表面附着的病原体而进行消毒的处理方法，适用于种蛋、蛋托、棚架、手术器械等实施消毒与灭菌。

对导管类物品应使管腔内同时充满消毒剂溶液。消毒或灭菌至要求的作用时间，应及时取出消毒物品用清水或无菌水清洗，去除残留消毒剂。对污染有病原微生物的物品应先浸泡消毒，清洗干净，再消毒或灭菌处理；对仅沾染污物的物品应清洗去污垢再浸泡消毒或灭菌处理；使用可连续浸泡消毒的消毒液时，消毒物品或器械应洗净沥干后再放入消毒液中。

五、生物发酵消毒法

生物消毒法适用于粪便、污水和其他废弃物的无害化处理，常用发酵池法和堆粪法。

发酵池法适用于养殖场稀粪便的发酵处理。根据粪便的多少，用砖或水泥砌成圆形或方形的池子，要求距离养殖场200米以外，远离居民、河流、水源等地方。池底要夯实、铺砖、抹灰，不漏水不透风。先在池底放一层干粪，然后将每天清理的粪便污物等倒入池内。快满时在表面盖一层干粪或杂草，再封上泥土，盖上盖板，以利于发酵和保持卫生。根据季节不同，经1~3个月发酵即可出粪清池。此间可两个或多个发酵池轮换使用。

堆粪法适用于干固粪便的发酵消毒处理。要求距离养殖场200米以外，远离居民、河流、水源等的地方设立堆粪场，在地面挖一浅沟，深20厘米左右，宽1.5~2米，长度不限，依据粪便多少而定。先在底部放一层干粪，然后将清理的粪便污物等堆积起来。堆到1~1.5米高时，在表面盖一层干粪或稻草，并使整个粪堆干湿适当便于发酵，再封上10厘米厚的泥土，密封发酵。夏季经2个月、冬季经3个月以上的发酵即可出粪清坑。

第二节　不同消毒对象的消毒

一、带鸡消毒

带鸡消毒就是在鸡群日常饲养过程中，使用浓度适当、灭菌高效、刺激性弱的消毒药液对鸡舍内环境进行的一种消毒工作。它利用水泵的增压作用将消毒液水雾化，使其均匀喷洒在舍内整个空间，附着在物体表面，发挥接触性杀菌作用，降低舍内环境的病原微生物含量，阻断疾病的传播和感染。

（一）带鸡消毒的功效

1. 降低病原微生物含量

传染病发生的首要条件就是环境中存在一定含量的致病病原，因此控制传染源是疾病防控的关键工作之一。带鸡消毒能有效杀灭致病病原，每天通过带鸡消毒减少鸡舍内病原微生物含量，使其维

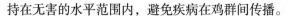

持在无害的水平范围内，避免疾病在鸡群间传播。

2. 提高鸡舍内空气质量

鸡舍内通常粉尘较大，易诱发呼吸道疾病。带鸡消毒时，水雾可以加速悬浮在空气中的尘埃等固形物凝集沉降，舍内地面、笼架、设备等粉尘源得到控制，减缓粉尘继续产生，达到净化空气的目的。

3. 舍内环境加湿降温

冬春季节空气干燥，带鸡消毒可以增加空气湿度，消毒液不断蒸发到空气中，补充舍内水气，能缓解干燥的空气对鸡只呼吸道黏膜的损伤；夏季高温，通过带鸡消毒，能有效降低舍内设备和环境的温度，利用鸡只体表消毒液的传导和蒸发，起到为鸡只降温的作用。

（二）带鸡消毒的具体操作

1. 消毒前准备

带鸡消毒前一定要清扫舍内卫生，才能发挥理想的消毒效果。环境过脏，存在的粉尘、粪污等污染物将会大量消耗消毒液中的有效消毒成分，减少消毒药的药效发挥。

2. 消毒液的配制

消毒药的用量按相关使用说明的推荐浓度与需配制的消毒药液量计算，用水量根据鸡舍空间大小估算。不同季节，消毒用水量应灵活掌握，一般每立方米需要 50~100 毫升水，天气炎热干燥时用量应偏大，按上限计算；天气寒冷或舍内环境较好时用量偏少，按下限计算。

3. 消毒顺序

带鸡消毒按照从上至下、从进风口到排风口的顺序，从上至下即从房梁、墙壁到笼架，再到地面消毒；从进风口到排风口，即顺着空气流动的方向消毒。重点对通风口和通风死角严格消毒，此处容易被污染，又不易清除，是控制传染源的关键部位。

4. 消毒时间

每天的 11:00~15:00 气温高时适合带鸡消毒。具体要结合舍温情况，灵活掌握消毒时间，舍温高时，放慢消毒速度、延长消毒时间，发挥防暑降温作用；舍温低时，加快消毒速度、缩短消毒时间，减小对鸡只的冷应激。

5.消毒方法

消毒降尘时，水雾应喷洒在距离顶笼鸡只1米处，消毒液均匀落在笼具、鸡只体表和地面，鸡只羽毛微湿即可；消毒物品时，可直接喷洒，如地面、墙壁、房梁、饮水管与通风小窗，注意不能直接对鸡只和带电设备喷洒。消毒后应增加通风，以降低湿度，特别在闷热的夏季更有必要。

6.消毒频率

雏鸡自身抵抗力差，每天需要带鸡消毒2次；育成鸡和蛋鸡根据舍内环境污染程度，每天或隔天消毒1次。在用活苗免疫前后24小时之内禁止带鸡消毒，否则会影响免疫效果。

（三）注意事项

1.消毒药的选用

带鸡消毒的药物应选择对人和鸡无害、刺激性小、易溶于水、杀菌或杀毒效果好、对物品和设备无腐蚀或腐蚀小的消毒药。一般选择2~3种消毒药轮换使用。常用的消毒药有季铵盐类、碘制剂和络合醛类。每种消毒药的特点各不相同，季铵盐类属阳离子表面活性剂，主要作用于细菌；碘制剂利用其氧化能力杀灭病毒的作用较强；络合醛类可凝固菌体蛋白，对细菌、病毒均有较好的作用。

在日常消毒时，几种消毒剂应交替使用，如长效抑菌和快速杀菌的交替、对细菌敏感和对病毒敏感的交替。因为长期使用一种消毒剂会使某些细菌出现耐药性，交替使用可使每种消毒剂优势互补。

2.消毒液的配制

消毒药要完全溶于水并混合均匀，粉剂和乳剂可将药物先溶解好再加水稀释。每种消毒药都有其发挥功效的最佳浓度范围，并非药物浓度越大消毒效果越好。超出规定范围，一则消毒效率下降，二则浪费药物投入，三则超出对鸡群和人体无害的安全浓度。所以

浓度配比要科学合理，要按照生产厂家推荐的浓度使用，有条件的养殖场也可通过试验确定合适的使用浓度。

消毒液要现用现配，不能提前配好，也不能剩下留用，防止消毒药液在放置的过程中药效下降。消毒前，应一次性将所需的消毒液全部兑好，药液不够时暂停消毒，重新配制，严禁一边加水一边消毒，这样会造成消毒药浓度不均匀，影响消毒效果。

3. 消毒用水的温度控制

在一定范围内，消毒药的杀菌力与温度成正比，试验表明：夏季消毒效果比冬季稍好。消毒液温度每提高 10℃，杀菌能力约增加 1 倍，所以配制消毒液时最好用温水，温度增高，杀菌效果增加，特别是舍温较低的冬季，但是水温最高不能超过 45℃。

总之，带鸡消毒是日常饲养工作的重要组成部分，应长期坚持，不能时有时无、时紧时松。通过长期不懈的坚持，可以减少鸡群各种疾病的发生，保证鸡群健康。

二、鸡舍消毒

（一）空鸡舍消毒

鸡群转出或淘汰后，鸡舍会受到不同程度的污染，需要加强空舍期间管理，以减少、杀灭舍内潜在的细菌、病毒和寄生虫，隔断上下批次间病原微生物传播，为转入鸡群及周边鸡群提供安全的环境。在空舍时间（最少要达 20 天）保证基础上，重点要做好鸡舍清理、冲洗、消毒等关键环节管理。

1. 鸡舍清理管理

鸡舍清理的时间宜早，一般在上批鸡转出或淘汰后 1~2 天内开始。将料塔、饲料储存间及料槽清理干净，以避免饲料浪费。将鸡粪清出舍外，保证冲洗效果。按照从上到下的原则对屋顶、坨架、房梁、墙壁、风机、进风口、排风口等处的尘土、蜘蛛网进行清扫。

清扫饮水系统（如饮水管、减压阀）、供电系统（配电箱、开关、电线）、笼具等设备设施。

对舍内的风机、电器设备控制开关、闸盒等进行包裹或做其他保护。

鸡舍整理时尽量不要将设施和物品移出舍外，要在舍内进行统一整理、冲洗和消毒。如设施或物品必须移出，则在移出前严格的清扫和消毒，以防止细菌或病毒污染其他区域。

2.鸡舍冲洗管理

鸡舍整理完毕后2~3天可冲洗。冲洗时按照先上后下、先里后外的原则，保证冲洗效果和工作效率，同时还可以节约成本。冲洗的顺序为：顶棚、笼架、料槽、粪板、进风口、墙壁、地面、储料间、休息室、操作间、粪沟，防止已经冲洗好的区域被再度污染，墙角、粪沟等角落是冲洗的重点，避免形成"死角"；冲洗的废水通过鸡舍后部排出舍外并及时清理或发酵处理，防止其污染场区和鸡舍环境。

对饮水管与笼具接触处、线槽、料槽、电机、风机等冲洗不到或不易冲洗的部位进行擦洗。进入鸡舍的人员必须穿干净工作服、工作鞋；擦洗时使用清洁水源和干净抹布；及时清洗抹布；洗抹布的污水不能在鸡舍内排放或泼洒，要集中到鸡舍外排放。

冲洗整理完毕后，要检查工作效果，储料间、鸡笼、粪板、粪沟、设备的控制开关、闸盒、排风口等部位均要检查（每个部位至少取5个点以上），保证无残留饲料、鸡粪及鸡毛等污物。对于冲洗不合格的，应组织重新冲洗并再次检查，直到符合要求。

3.鸡舍消毒管理

将水管拆卸下来，放出残余的水并用高压水枪冲洗，冲洗水箱等应用洗洁球或海绵擦洗，待全部擦洗干净后用1%~2%稀盐酸水溶液充满水线，浸泡24小时，放出浸泡液后冲洗干燥。

火焰消毒在鸡舍冲洗干燥后进行，主要烧笼具、地面等耐高温部位，目的是杀灭各种微生物及虫卵。

喷洒消毒在火焰消毒的当天或第2天，舍外墙壁用白灰喷洒消毒，舍内屋顶、地面、笼具及设备，用季铵盐类、络合醛类等消毒液全面喷洒消毒。特殊情况下，可用驱虫药物喷洒，消灭舍内残留的寄生虫和虫卵。

熏蒸消毒在喷洒消毒当天进行，消毒前将所需物及工具移入，将鸡舍的进出风口、门窗、风机等封严，用甲醛熏蒸，保证熏蒸时间在 24 小时以上，进鸡前 1~3 天可通风换气并清理和冲洗熏蒸的残留药品。

为确认消毒效果，可以进行微生物监测，如不能达到要求，需要重新对鸡舍消毒。

（二）其他各种鸡舍消毒

1. 育雏舍和雏鸡舍消毒

首先要彻底清扫，将鸡粪、污物、蛛网等铲除，清扫干净。屋顶、墙壁、地面用水反复冲洗，待干燥后，喷洒消毒药和杀虫剂，烟道消毒（可用 3% 克辽林后），再用 10% 的生石灰乳刷白，有条件可用酒精喷灯对墙缝及角落进行火焰消毒。

密封性能较好的育雏舍，在进鸡前 3~5 天用福尔马林溶液熏蒸消毒。熏蒸前窗户、门缝要密封好，堵住通风口。洗刷干净的育雏用具、饮水器、料槽（桶）等全部放进育雏舍一起熏蒸消毒。熏蒸 24~48 小时后打开门窗，排除剩余的甲醛气体后再进雏。

通常不提倡对雏鸡进行熏蒸消毒，但在发生脐炎、白痢杆菌病等疫病的鸡场，可实施熏蒸消毒。

如时间仓促，可在喷洒消毒剂后结合紫外线灯照射消毒 1~2 小时。进雏后每天清扫地面 1~2 次，并喷洒消毒剂，10 日龄后参照带鸡消毒。

2. 产蛋鸡舍消毒

进入产蛋期后，机体消耗比较大，此时就给各种病原菌有了可乘之机，所以我们在日常工作中应加强对鸡舍环境的控制，采取带鸡消毒的方法，一是通过消毒达到对环境病原菌的控制；二是通过消毒达到夏季降温的目的。建议 2 种或 3 种消毒剂交叉使用，防止环境中的病原菌产生耐药性，影响消毒效果。具体操作时，不能直冲鸡体喷洒，要求雾滴降落到鸡体表，程度以鸡体表潮湿为准。一般每周消毒 2~3 次。有条件的可以每天坚持消毒。

3. 种鸡舍消毒

生活区办公室、食堂、宿舍及其周围环境每周大消毒一次。生产区内的鸡舍内走道、工作间每天打扫干净，每天喷雾消毒一次；公共场所、鸡舍外道路、空地等地方每周消毒二次。售鸡、转群周转区中，周转鸡舍、出鸡场地、磅秤及周围环境每售一批鸡后大消毒一次。生产区正门消毒池水每周更换不少于三次，洗手盆的消毒水每天更换一次，保持有效浓度。鸡舍消毒池与盆每天更换一次，保持有效浓度。进入生产区的车辆车身须彻底用高压喷枪消毒，随车人员消毒方法同生产人员一样，随车所有物品（包括蛋筛、蛋箱等）必须严格消毒后才能进入。更衣室、工作服、便服每天紫外线消毒三次，工作服清洗时消毒水消毒。鸡舍消毒、鸡群带鸡消毒每天各一次（怀疑有疾病的鸡群应加强消毒）。冬季消毒要控制好温度与湿度，防止腹泻。任何人进出生产区必须更衣换鞋，脚踏消毒池，消毒盆洗手，工作服只准许在生产区内穿，不准带出，且衣服和鞋子必须经常清洗消毒。场内鸡笼每次使用前后必须严格消毒，各分场之间不允许使用，外来鸡笼不能进场。

鸡舍内水线、电线、灯罩、风机、鸡笼、料槽、吊顶、窗户墙壁等要每天定时定人打扫灰尘，必要时可擦洗。大小水箱每次用药后要清洗，小水箱需每天清洗擦拭。所有育雏、育成、产蛋鸡舍，除接种活疫苗前后 3 天内不用消毒外，其余时间都要进行带鸡喷雾消毒。一般育雏前 3 周可 3~4 天消毒一次，以后夏季每天 2~3 次，其余时间每天 1~2 次，消毒用量为夏季每次 50~80 毫升 / 米^3，其他时间每次 20~50 毫升 / 米^3，冬季应使用温水，消毒剂可选择无刺激性、无腐蚀性的。消毒不能代替卫生，因此消毒前必须先打扫鸡舍的卫生。

每天下班前 10 分钟开始，所有鸡舍人员统一进行，鸡舍门口、周围、场内道路的消毒工作，可用 2%~3% 的烧碱等，消毒后用干石灰泼洒地面。场门口消毒池应每周更换 2~3 次，鸡舍门口消毒池及舍内洗手盆每天更换一次。鸡舍外 2 米铲除杂草并平整地面，以便于清洁消毒。鸡舍 2 米外的杂草每月剔除一次，以减少蚊虫的滋生。场区周围道路及生活区内环境每周清扫后喷洒消毒药水之后再用干石灰泼洒。场内、外排水沟道路每旬清理一次，清理消毒后，沟边泼洒干石灰。每栋鸡舍在清粪后应彻底清扫消毒，清粪工具车辆应在清洗消毒后再到下一鸡舍使用。鸡粪需定点堆放，清除后及时清扫消毒。病死鸡经兽医人员解剖鉴定后用密闭包装袋包裹，送至指定地点无害化处理。场内、外所有垃圾必须袋装后集中处理。

鸡场至生活区道路及生活区内道路、场地、沟渠应每周进行清扫整理。生活区垃圾箱应密闭，垃圾必须入箱并及时清运。生活区（包括员工集体宿舍、娱乐场所）所有范围内每月进行一次彻底大扫除，并进行消毒。

孵化厂区环境卫生参照种鸡场进行并与种鸡场同步。

（三）鸡舍外环境消毒

对鸡舍外的院落、道路和某些死角，每周消毒 1~2 次，宜在早、晚进行。消毒剂可使用烧碱、漂白粉或 84 消毒液等。

先彻底清扫院落和道路上的垃圾、污物，再用喷雾器喷洒消毒剂。

三、鸡场进出口消毒

鸡场尤其是种鸡场或具有适度规模的鸡场，在圈养饲养区出入口处应设紫外线消毒间和消毒池。鸡场的工作人员和饲养人员在进入圈养饲养区前，必须在消毒间更换工作衣、鞋、帽，穿戴整齐后进行紫外线消毒 10 分钟，再经消毒池进入鸡场饲养区内。育雏舍和育成舍门前出入口也应设消毒槽，门内放置消毒缸（盆）。饲养员在饲喂前，先将洗干净的双手放在盛有消毒液的消毒缸（盆）内浸泡消毒几分钟。

消毒池和消毒槽内的消毒液，常用 2% 火碱水或 20% 石灰乳等消毒剂配成的消毒液。浸泡双手的消毒液通常用 0.1% 新洁尔灭或 0.05% 百毒杀溶液。鸡场通往各鸡舍的道路也要每天用消毒药剂进行喷洒。各鸡舍应结合具体情况采用定期消毒和临时性消毒。

鸡舍的用具必须固定在饲养人员各自管理的鸡舍内，不准相互通用，同时饲养人员也不能相互串舍。

除此以外，鸡场应谢绝参观。外来人员和非生产人员不得随意进入圈养饲养区，场外车辆及用具等也不允许随意进入鸡场，凡进入圈养饲养区内的车辆和人员及其用具等必须严格消毒，以杜绝外来的病原体带入场内。

有很多疾病是经进鸡舍人员的鞋带入的。做好入舍人员的脚消毒，对预防肉鸡传染病效果非常明显。养鸡场门口设脚消毒槽，冬季用生石灰，其他季节用 3% 氢氧化钠溶液；消毒槽内放消毒垫比较适用，选用海绵、麻袋片、饲料袋等均可；每天更换或添加1~2次消毒液；养鸡场门口设消毒槽，要持之以恒，长期使用，要改变消毒槽只给服务人员使用的错误做法。

四、车辆消毒

运输饲料、产品等车辆，是鸡场经常出入的运输工具。这类车辆与出入的人员比较，不但面积大，而且所携带的病原微生物也多，因此对车辆更有必要消毒。为了便于消毒，大、中型养鸡场可在大门口设置与门同等宽的自动化喷雾消毒装置。小型鸡场设喷雾消毒器，对出入车辆的车身和底盘喷雾消毒。消毒槽(池)内铺草垫浸以消毒液，供车辆通过时进行轮胎消毒。在门口撒干石灰，起不到消毒作用。

车辆消毒应选用对车体涂层和金属部件无损伤的消毒剂，具有强酸性的消毒剂不适合用于车辆消毒。消毒槽(池)的消毒剂，最好选用耐有机物、耐日光、不易挥发、杀菌谱广、杀菌力强的消毒剂，并按时更换，以保持消毒效果。车辆消毒一般可使用博灭特、百毒杀、强力消毒王、优氯净、过氧乙酸、苛性钠、抗毒威及农福等。

五、废弃物消毒与处理

鸡场产生的废弃物有粪尿、垫草、死鸡、羽毛、污水等。及时

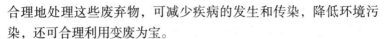

合理地处理这些废弃物，可减少疾病的发生和传染，降低环境污染，还可合理利用变废为宝。

（一）污水的消毒与处理

鸡场的污水来自于鸡舍冲洗用水、饮水系统的渗漏水、雨水、夏季舍内降温用水、职工生活用水，这些水大部分被病原体污染，并含有高浓度的有机物，如果不处理而随意排放，会污染周围环境，并有可能流行传染病。

消毒鸡场污水，可用沉淀法、过滤法、化学药品处理法等。首先，通过筛滤作用，除去污水表面较大的悬浮物，利用沉淀法使密度较大的物质沉入污水底部，达到固液分离。然后在污水中加入某些化学混凝剂，与污水中的可溶性物质结合，形成难溶的沉淀物，加快沉降速度。最后再在污水中加入化学药品（如含氯消毒剂、漂白粉或生石灰）进行消毒。消毒剂的用量视污水量而定。消毒后，将闸门打开，使污水流出。

利用微生物的代谢活动，将污水中的有机物分解为简单的无机物，也可以达到去除有机物的目的。

处理后的污水要符合 GB 18596—2001 标准，可作冲洗辅助用水或排放，但不得排入敏感水域或有特殊功能的区域。

（二）粪尿的消毒与处理

鸡的粪尿中含有一些病原微生物和寄生虫卵，尤其是患有传染病的鸡，病原微生物数量更多。如果不进行消毒处理，会发酵产气（硫化氢、氨气等有害气体），这些气体浓度达到一定程度，就会刺激鸡体引发呼吸道疾病；同时，有害气体扩散到鸡舍周边，也会造成环境污染，招致蚊蝇滋生，容易造成污染和传播疾病。因此，对鸡粪尿应该进行严格的消毒处理，每天早晚各清理一次，并及时运离鸡舍、水源，进行无害化处理。

（三）尸体消毒与处理

鸡场每天都可能会发生死鸡现象，无论鸡死于传染病还是普通病，对鸡尸体都要进行及时处理和消毒。要安排专人每天集中收集病死鸡，集中存放在排风口处密闭的容器中，等待处理。

处理鸡尸体有深埋、腐败、焚烧等方法。深埋是将鸡尸体投入尸坑，撒上一层漂白粉或生石灰，盖土深埋；腐败就是把尸体投入专用的深9米以上的腐败坑井，让其慢慢发酵分解；对发生新城疫、禽流感的病死鸡，要在专用焚化炉中焚烧。

处理完毕，对容器清洗消毒。

（四）其他污物的处理

垃圾、羽毛等污物按粪便处理法处理。蛋壳、毛蛋等孵化废弃物经干燥、粉碎、消毒后，用作动物性饲料。免疫接种完成后剩余的疫苗、过期需要废弃的疫苗均应消毒后废弃。目前，我国还没有统一的疫苗处理办法，灭活苗可直接深埋，冻干苗以及稀释后的剩余活苗经装瓶后高压蒸汽灭菌处理。灭菌后的玻璃疫苗瓶可回收重复利用。

六、种蛋、孵化室及其他设备消毒

（一）种蛋消毒

种蛋的外壳上一般都不同程度地带有病菌。如果种蛋入孵前不消毒，不但会影响孵化效果，还会将白痢、伤寒和支原体等疾病传染给雏鸡。因此，种蛋入孵前必须严格消毒。

常用消毒方法有以下几种：① 新洁尔灭消毒法。此药具有较强的除污和消毒作用，可凝固蛋白质和破坏病菌体的代谢过程，从而达到消毒灭菌的目的。种蛋消毒时，可用5%的新洁尔灭原液，加50倍的水配制成0.1%浓度的溶液，用喷雾器喷洒种蛋表皮即可。② 漂白粉液消毒法。将种蛋浸入含有活性氯1.5%的漂白粉溶液中3分钟，取出沥干后即可装盘。此种消毒法须在通风处进行。③ 熏蒸消毒法。每天集中收蛋4次，每次收集挑选后放在指定熏蒸间用甲醛熏蒸消毒，甲醛和高锰酸钾的用量同空鸡舍消毒。挑选健康种蛋，剔除那些被粪便污染的种蛋。在选蛋码盘后，将蛋车推进熏蒸室密闭熏蒸30分钟。④ 臭氧发生器消毒法。把臭氧发生器装置在消毒柜或小房内，放入种蛋后关闭所有气孔，使室内的氧气变成臭氧，达到消毒目的。

（二）孵化室和孵化设备消毒

孵化前1周，要彻底消毒孵化室和孵化设备。清扫孵化室，擦洗孵化设备和用具，用甲醛熏蒸消毒孵化室。

种蛋所接触的设备、用具都要搞好卫生消毒，蛋托、码蛋盘、出雏筐、存雏筐用后高压泵清水冲洗干净再放入2%的火碱水中浸泡30分钟，然后用清水冲净。种蛋车、操作台及用具用后也要清理消毒，照蛋落盘后对臭蛋桶要清理消毒，地面用2%的火碱水冲洗。注射器使用后清理干净并高压消毒或开水煮半小时，针头每注射1 000羽换一个。孵化机及蛋架用后高压泵清水冲洗干净，用消毒液擦拭，再用清水冲净，最后把干净的码蛋盘、出雏筐放入孵化机内用甲醛熏蒸30分钟。出雏机及出雏室是雏鸡的产房，需要的卫生消毒特别严格，而此地又是绒毛多最难清理的地方，所以一定要严格认真仔细地清理每个角落，不能有死角。发完鸡后存雏室一定要冲洗干净，包括房顶、四壁、窗户、水暖管道等，再把干净卫生的存雏筐放入室内，甲醛熏蒸30分钟，避免交叉感染。

七、兽医诊室消毒

鸡场里设置的诊疗室、化验室，是病原微生物集中或密度较高的地方，必须搞好消毒。室内要安装紫外线灯，定期照射消毒。所用器械和用具在使用前后，都要用消毒液清洗消毒或用高压灭菌器灭菌，解剖的尸体及送来化验的病料，要焚烧或高压灭菌处理。

八、发病鸡舍的消毒

在有病鸡的鸡舍内，消毒工作十分重要，但不可与普通鸡舍的消毒程序一致，有效的消毒方法：可移动的设备和用具先消毒后，再移到舍外日晒；鸡舍封闭，禁止无关人员进入；垫料用强消毒液喷洒消毒，整个区域不能与其他鸡接触；将垫料移到舍外烧或埋，不能与鸡群接触。

第三章
◄◄◄ 鸡场免疫技术 ►►►

第一节 免疫计划与免疫程序

鸡的免疫接种是用人工的方法将有效的生物制品（疫苗、菌苗）引入鸡体内，从而激发机体产生特异性的抵抗力，使其对某一种病原微生物具有抵抗力，避免疫病的发生和流行。对于种鸡，不但可以预防其自身发病，而且还可以提高其后代的母源抗体水平，提高雏鸡的免疫力。由此可见，对鸡群有计划地免疫预防接种是预防和控制传染病（尤其是病毒性传染病）最为重要的手段。

一、免疫计划的制定与操作

制定免疫计划是为了接种工作能够有计划地顺利进行以及对外交易时能提供真实的免疫证据，每个鸡场都应根据当地疫情的流行情况，结合鸡群的健康状况、生产性能、母源抗体水平和疫苗种类、使用要求以及疫苗间的干扰作用等因素，制定出切实可行的适合于本场的免疫计划。在此基础上选择适宜的疫苗，并根据抗体监测结果及突发疾病对免疫计划进行必要的调整，提高免疫质量。

根据免疫程序和鸡群的现状资料可提前1周拟定免疫计划。免疫计划应该包括鸡群的种类、品种、数量、年龄、性别、接种日期、疫苗名称、疫苗数量、免疫途径、免疫器械的数量和所需人力等内容。表3-1是某商品蛋鸡60日龄新城疫的免疫计划（供参考）。

表3-1 商品蛋鸡（60日龄）新城疫免疫计划

鸡群状况	品种	伊莎褐
	用途	商品蛋鸡
	数量（羽）	2 400
	接种疫苗的日龄（天）	60
疫苗	名称、生产厂家和批次	新城疫Ⅰ系
	免疫途径	肌内注射
	数量（瓶）	5（每瓶500羽）
稀释液	生理盐水（毫升）	2 500（按每羽1毫升稀释）
免疫器械	名称和数量	连续注射器4把、6号针头5盒
消毒用品	酒精棉球（瓶）	3
	镊子（把）	3
	新洁尔灭（瓶）	2
人力和分工	6人，每3人一组	
免疫时间	原定免疫时间	年　　月　　日
时间	实际免疫时间	年　　月　　日
负责人签名		

要重视免疫接种的具体操作，确保免疫质量。技术人员或场长须亲临现场，密切监督接种方法及剂量，严格按照各类疫苗使用说明规范操作。个体接种必须保证一只鸡不漏掉，每只鸡都能接受足够的疫苗量，宁肯浪费部分疫苗，也绝不能有漏免鸡；注射针头最好一鸡一针头，坚决杜绝接种感染以免影响抗体效价生成。群体接种省时省力，但必须保证免疫质量，饮水免疫的关键是保证在短时间内让每只鸡都确实地饮到足够的疫苗；气雾免疫技术要求严格，关键是要求气雾粒子直径在规定的范围内，使鸡周围形成一个局部雾化区。

二、免疫程序的制定原则

鸡有多种传染病，多数传染病都有疫苗，而且某些传染病还有2种或2种以上的疫苗，每一种疫苗的性质和免疫途径又不尽相同，免疫期长短不一。因此，制定免疫程序要全面考虑多种因素的影响，各养鸡场不可能制定一个统一的免疫程序。即使已制定好的免疫程序，在有些情况下也应随着时间的推移和疫病的变化情况不断地进行调整和完善，不是一成不变的。

免疫程序的内容主要包括疫病名称、疫苗名称、接种途径和每种疫苗接种的日龄等。有时候，免疫程序也是某些企业的商业机密，使用这个程序也需付费。

免疫程序的制定要因地而异、因季节而异。适合自家养殖场的免疫程序才是最好的。所以制定免疫程序时要结合养殖场的发病史、养殖场所在地的疫病流行情况以及所处季节的疾病流行情况，参考常规免疫程序，灵活制定。

（一）鸡场及周围疫病流行情况

当地鸡病的流行情况、危害程度、鸡场疫病的流行病史、发病特点、多发日龄、流行季节、鸡场间的安全距离等都是制定和设计免疫程序时首先综合考虑的因素，如传染性法氏囊病多发病于3~5周龄等。

（二）免疫后产生保护所需时间及保护期

疫苗免疫后因疫苗种类、类型、接种途径、毒力、免疫次数、鸡群的应激状态等不同而产生免疫保护所需时间及免疫保护期差异很大，如新城疫灭活苗注射后需15天后才具有保护力，免疫期为6个月。所以虽然抗体的衰减速度因管理水平、环境的污染差异而不同，但盲目过频的免疫或仅免疫一次以及超过免疫保护期长时间不补免都很危险。

（三）疫苗毒力和类型

很多免疫程序只列出应免疫的疫病名称，而没有写出具体的疫苗类型。疫苗有多种分类方法，就同一种疫病的疫苗来说，可有中毒、弱毒、灭活苗之分；同时又有单价和多价之别。每类疫苗免疫以后产生免疫保护所需的时间、免疫保护期、对机体的毒副作用也不同。一般而言，毒力强毒副作用大，免疫后产生免疫保护需要的时间短而免疫保护期长；毒力弱则相反；灭活苗免疫后产生免疫保护需要的时间最长，但免疫后能获得较整齐的抗体滴度水平。

（四）免疫干扰和免疫抑制因素

多种疫苗同时免疫，或一种疫苗免疫后由于对免疫器官的损伤从而影响其他疫苗的免疫效果。如，新城疫单苗和传染性支气管炎单苗同时使用会相互干扰而影响免疫效果；中等毒力法氏囊疫苗免疫后，由于对法氏囊的损伤从而影响其他疫苗的免疫效果。因此，在没有弄清是否有干扰存在情况下，两种疫苗的免疫时间最好间隔5~7天。

（五）母源抗体的水平及干扰

母源抗体在保护机体免受侵害的同时也影响免疫抗体的产生，从而影响免疫效果。在母源抗体有保证的情况下，鸡新城疫的首免一般选在9~10日龄，法氏囊首免宜在14~16日龄。

（六）鸡群健康和用药情况

在饲养过程中，预先制定好的免疫程序并非一成不变，而是要根据抗体监测结果和鸡群健康状况及用药情况随时调整；抗体监测可以查明鸡群的免疫状况，指导免疫程序的设计和调整。

对发病鸡群不应进行免疫，以免加剧免疫接种后的反应，但发病时的紧急免疫接种则另当别论；有些药物能抑制机体的免疫，所以在免疫前后尽量不要使用抗生素。

（七）饲养管理水平

在不同的饲养管理方式下，疫病发生的情况及免疫程序的实施也有所差异，在先进的饲养管理方式下，鸡群一般不易遭受强毒的攻击；在落后的饲养管理水平下，鸡群与病原接触的机会较多，同时免疫程序的实施不一定得到彻底落实，此时，对免疫程序的设计就应考虑周全，以使免疫程序更好地发挥作用。

第二节 鸡场常用疫苗

一、疫苗的概念

疫苗是利用病毒、细菌、寄生虫本身或其产物，设法除去或减弱它对动物的致病作用而制成的一种生物制品，接种动物后，能够使其获得对此种病原的免疫力。严格地讲，它包括用细菌、支原体、螺旋体等制成的菌苗，用病毒、衣原体、立克次氏体等制成的疫苗和用寄生虫制成的虫苗。

二、疫苗的种类

（一）传统疫苗

传统疫苗是指用整个病原体如病毒、衣原体等接种动物、鸡胚或组织培养生长后，收获处理而制备的生物制品；由细菌培养物制成的称为菌苗。传统疫苗在防治鸡传染病中起到重要的作用，主要包括减毒活苗和灭活疫苗，如生产上常用的新城疫Ⅰ系、Ⅲ系和Ⅳ系疫苗。根据鸡场的实际情况选择使用不同的疫苗。

养鸡场需要通过实施生物安全体系、预防保健和免疫接种三种途径，来确保鸡群健康生长。在整个疾病防控体系中，三者通过不同的作用点起作用。生物安全体系主要通过隔离屏障系统，切断病原体的传播途径，通过清洗消毒减少和消灭病原体，是控制疾病的基础和根本；预防保健主要针对病原微生物，通过预防投药，减少病原微生物数量或将其杀死；免疫接种则针对易感动物，通过针对性的免疫，增加机体对某个特定病原体的抵抗力。三者相辅相成，以达到共同抗御疾病的目的。

（二）亚单位疫苗

利用微生物的某种表面结构成分（抗原）制成不含有核酸、能诱发机体产生抗体的疫苗，称为亚单位疫苗。亚单位疫苗是将致病

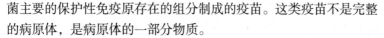

菌主要的保护性免疫原存在的组分制成的疫苗。这类疫苗不是完整的病原体，是病原体的一部分物质。

（三）基因工程疫苗

使用 DNA 重组生物技术，把天然的或人工合成的遗传物质定向插入细菌、酵母菌或哺乳动物细胞中，使之充分表达，经纯化后而制得的疫苗。应用基因工程技术能制出不含感染性物质的亚单位疫苗、稳定的减毒疫苗及能预防多种疾病的多价疫苗。

三、疫苗的选择

疫苗的种类很多，其适用的范围和优缺点各异，不可乱用和滥用，疫苗的选择应遵循以下几条原则。

① 根据当地或本场以往疾病的流行情况选用疫苗。当地或本场从未发生过的疾病一般可不接种，尤其是一些毒力较强的活毒疫苗，如传染性喉气管炎疫苗，以免造成散毒。

② 所选疫苗应以本地所流行的疫病的轻重和血清型而定。流行较轻的可选用比较温和的疫苗，流行较严重时，则选用毒力比较强的疫苗。疫苗最好与本地流行疫病的血清型相同。

③ 根据母源抗体的高低选择疫苗。如传染性法氏囊病，若雏鸡无母源抗体，应选用低毒力的疫苗免疫，如有母源抗体，则选用中等毒力的疫苗。

④ 初次免疫应选用毒力较弱的疫苗，而再次接种时，应选用毒力较强的疫苗。

⑤ 当鸡群潜在法氏囊炎时，尽可能先治疗再用疫苗，否则易诱发法氏囊炎的暴发。

⑥ 当鸡群有慢性呼吸道疾病时，不宜作新城疫疫苗、传染性支气管炎疫苗、传染性喉气管炎疫苗，最好先用药治疗后再用。

四、疫苗的保存和运输

鸡的常用疫苗包括病毒苗和细菌苗两种。病毒苗是由病毒类微生物制成，用来预防病毒性疫病的生物制品，如新城疫Ⅰ系、Ⅳ

系，传染性支气管炎 H120、H52 等。细菌苗则是由细菌类微生物制成的生物制品，如传染性鼻炎苗、致病性大肠杆菌苗等，用来预防相应细菌性疾病的感染和发生。

鸡的各种疫苗不同于一般的化学药品或制剂，是一种特殊的生物制品。因此，其保存、运输和使用有其特殊的方法和要求，必须遵循一定的科学原则。

（一）疫苗的保存

疫苗属于生物制品，保存时总的原则是：分类、避光、低温、冷藏，防止温度忽高忽低，并做好各项入库登记。

1. 分门别类存放

① 不同剂型的疫苗应分开存放。如弱毒类冻干苗（新城疫 I 系、IV 系，传染性支气管炎 H120、H52 等）与灭活疫苗（如新城疫油苗等）应分开，各在不同的温度环境下存放。

② 相同剂型疫苗应做好标记放置，便于存取。如弱毒类冻干苗在相同温度条件下存放，应各成一类，各放一处，做好标记，以免混乱。

2. 避光保存

各种疫苗在保存、运输或使用时，均必须避开强光，不可在日光下暴晒，更不可在紫外线下照射。

3. 低温冷藏

生物制品都需要低温冷藏。不同疫苗类型其保存温度有别。弱毒类冻干苗需要 $-15℃$ 保存，保存期根据各厂家的不同，一般 1~2 年；一些进口弱毒类冻干苗，如法倍灵等，需要 2~8℃ 保存，保存期一般 1 年；组织细胞苗，如马立克疫苗，需保存在 $-196℃$ 的液氮中，故常将该苗称作液氮苗。所有生物制品保存时应防止温度忽高忽低，切忌反复冻融。

4. 做好各项入库登记

各种疫苗或生物制品，入库时都必须做好各项记录。登记内容包括疫苗名称、种类、剂型、单位头份、生产日期、有效期、保存温度、批号等；此外，价格、数量、存放位置也应纳入登记项目

中，便于检查、存取、查询。

取苗发放使用时应认真检查，勿错发、漏发，过期苗禁发，并做好相应记录，做到先存先用，后存后用；有效期短的先用，有效期长的后用。

（二）疫苗的运输

疫苗的存放地与使用地常常不在同一个地方，都有一个或近或远的距离，因此，疫苗的运输包括长途运输和短途运送。但无论距离远近，运输时都必须避光、低温冷藏。

1.短距离运输

可用泡沫箱或保温瓶，装上疫苗后还要加装适量的冰块、冰袋等保温材料，立即盖上泡沫箱盖或瓶盖，再用塑料胶布密封严实，才可起运。路上不要停留，尽快赶回目的地，放到冰箱中，避免疫苗解冻；或尽快使用。

2.长途运输

需要有专用冷藏车才可长途运输，路上还应时常检查冷藏设备的运转情况，以确保运输安全；若用飞机托运，更应注意冷藏，要用一定强度和硬度的保温箱来保温冷藏，到达后注意检查有无破损、冰块融化、疫苗解冻等现象，如无，应立即入库冷藏。

第三节　常用免疫接种方法

蛋鸡疫苗的接种方法一般有点眼、滴鼻、饮水、注射、刺种、气雾等，具体采用什么方法，应根据疫苗的类型、特点及免疫程序来选择每次免疫的接种方法。

一、滴鼻点眼法

这是使疫苗通过上呼吸道或眼结膜进入体内的一种免疫方法，适用新城疫苗、传染性支气管炎苗和喉气管炎弱毒苗的免疫。这种方法可以避免疫苗被母源抗体中和，应激小，对产蛋影响小，用于幼雏和产蛋鸡免疫效果良好。生产中应注意逐只进行，以确保每只鸡都得到剂量一致的免疫，从而保证抗体整齐，免疫效果确实。

将疫苗稀释摇匀，用标准滴管各在鸡眼、鼻孔滴一滴（约0.05毫升），让疫苗从鸡气管吸入肺内、渗入眼中。此法适合雏鸡的新城疫Ⅱ、Ⅲ、Ⅳ系疫苗和传支、传喉等弱毒疫苗，它使鸡苗接种均匀、免疫效果较好，是弱毒苗的最佳接种方法。

点眼通常是最有效的接种活性呼吸道病毒疫苗的方法。点眼免疫时，疫苗可以直接刺激鸡眼部的重要免疫器官——哈德氏腺，从而可以快速地激发局部免疫反应。疫苗还可以从眼部进入气管和鼻腔，刺激呼吸道黏膜组织产生局部细胞免疫和IgA等抗体。但此种免疫方法对免疫操作要求比较细致，如要求疫苗滴入鸡眼内并吸收后才能放开鸡。判断点眼免疫是否成功的一种有效方法就是在疫苗液中加入蓝色染料，在免疫后10分钟检查鸡的舌根，如果点眼免疫成功，则鸡的舌根会被蓝色染料染成蓝色。

二、饮水免疫法

饮水免疫最为方便，适用于大型鸡群，有些疫苗在饮水免疫时，只有当疫苗接触到口咽黏膜时才引起免疫反应，进入腺胃前的苗毒在较酸的环境中很快死亡，失去作用。饮水免疫的效果差，不适用于初次免疫，常用于鸡群的加强免疫。

稀释疫苗的水量要适宜，不可过多或过少，应参照使用说明和免疫鸡日龄大小、数量及当时的室温来确定。疫苗水应在1~2小时内饮完，但为了让每只鸡都能饮到足够量的疫苗，饮水时间应不低于1小时，但不能超过2小时。一般用量如下：1~2周龄，8~10毫升/只；3~4周龄，15~20毫升/只；5~6周龄，20~30毫升/只；7~8周龄，30~40毫升/只；9~10周龄，40~50毫升/只。也可在用疫苗前3天连续记录鸡的饮水量，取其平均值以确定饮水量。

对于适合用饮水免疫的疫苗，使用饮水法具有省时、高效、简单易行、不惊扰鸡群等优点，因而深受养殖户的欢迎。

1. 所用疫苗必须是高效的弱毒苗

饮水前必须注意疫苗的质量，有效期，疫苗的运输、储存、保管等，对劣质疫苗、过期的疫苗不可使用。

2. 饮水器清洗

在饮水免疫前，将供水系统、饮水器彻底清洗干净，但不能使用消毒药或洗涤剂，饮水器具不能使用金属制品，最好用瓷器。

3. 饮水免疫所用的水应是生理盐水或清洁的深井水

水中不应含有重金属离子和卤族元素，自来水应煮沸后放置过夜再用。对大型养鸡场，可在自来水中加入去氧剂，每 10 升水中加入 10% 的硫代硫酸钠 3~10 毫升，具体用量视水中卤的含量而定。

4. 稀释

疫苗应开瓶倒入水中，用清洁的棍棒搅拌均匀，若室外风大，应在室内稀释。最好在稀释液中加入 0.2%~0.5% 的脱脂奶粉，以保护疫苗的效价，提高免疫效果。水中加入保护剂 15~20 分钟后再加入疫苗。

5. 停水

饮水前应停水 3~6 小时，停水时间长短应视天气冷热和饲料干湿度灵活掌握，天气热或喂干粉料时，停水时间短一些。

6. 调整饮水器数量

饮水前必须按照鸡群数量多少、鸡龄大小调整饮水器数量，使 80% 以上的鸡能同时饮到足够的疫苗水。鸡群大、饮水器不足可分批进行，做到随稀随饮，防止过早稀释的疫苗在拖延过程中失效。

7. 水要适量

稀释疫苗的水要适量，不可过多或过少，应参照使用说明和免疫鸡日龄大小、数量及当时的室温来确定，疫苗水应在 2 小时内饮完。

8. 避开高温和阳光

炎热季节饮水免疫应在清晨进行，应避免高温时进行，疫苗稀释液不可暴露在阳光下。

9. 停用药物及消毒剂

饮水免疫前后两天，合计 5 天（最好是 7~10 天）内饲料中不得加入能杀死疫苗（病毒或细菌）的药物及消毒剂。

10. 适合的疫苗

疫苗的接种途径与免疫效果有直接关系，并非所有疫苗都适合饮水免疫，如油乳剂灭活苗只能采用注射法免疫。对不适合饮水法免疫的疫苗用饮水法免疫可能会导致免疫失败。

三、注射免疫法

用此法免疫疫苗剂量准确，见效快，注射法包括皮下（颈部）注射和肌内（胸肌）注射两种。马立克氏疫苗用皮下注射法，其他灭活苗均用肌内注射法。注射法免疫比较费时费力，抓鸡时对鸡群的干扰应激也比较大。

1. 皮下注射法

将疫苗稀释，捏起鸡颈部皮肤刺入皮下，防止伤及鸡颈部血管、神经。此法适合鸡马立克疫苗接种。

注射前，操作人员要对注射器进行常规检查和调试，每天使用完毕后要用 75% 的酒精对注射器擦拭消毒。注射操作的控制重点为检查注射部位是否正确，注射渗漏情况、出血情况和注射速度等。同时也要经常检查针头情况，建议每注射 500~1 000 羽更换一次针头。注射用灭活疫苗须在注射前 5~10 小时取出，使其慢慢升至室温，操作时注意随时摇动。要控制好注射免疫的速度，速度过快，容易造成注射部位不准确，油苗渗漏比例增加，但如果速度过慢也会影响到整体的免疫进度。另外，针头粗细也会对注射结果产生影响，针头过粗，对颈部组织损伤的概率增大，免疫后出血的概率也就越大。针头太细，注射器在推射疫苗过程中阻力增大，疫苗注射到颈部皮下的位置与针孔位置太近，渗漏的比例会增加。

2. 肌内注射法

将稀释后的疫苗用注射针注射在鸡腿、胸或翅膀肌肉内。注射腿部应选在腿外侧无血管处，顺着腿骨方向刺入，避免刺伤血管神经；注射胸部应将针头顺着胸骨方向，选中部并倾斜30°刺入，防止垂直刺入伤及内脏；2月龄以上的鸡可注射翅膀肌肉，要选在翅膀根部肌肉多的地方注射。此法适合新城疫Ⅰ系疫苗、油苗及禽霍乱弱毒苗或灭活苗。

要确保疫苗被注射到鸡的肌肉中，而非羽毛中间、腹腔或是肝脏。有些疫苗，比如细菌苗通常建议皮下注射。

四、刺种免疫法

将疫苗稀释，充分摇匀，用蘸笔或接种针蘸取疫苗，在鸡翅膀内侧无血管处刺种。需3天后检查刺种部位，若有小肿块或红斑则表示接种成功，否则需重新刺种。该方法通常用于接种鸡痘疫苗或鸡痘与脑脊髓炎二联苗，接种部位多为翅膀下的皮肤。

翼膜刺种鸡痘疫苗时，要避开翅静脉，并且在免疫7~10日后检查"出痘"情况以防漏免。接种后要对所有的疫苗瓶和鸡舍内的刺种器具做好清理工作，防止鸡只的眼睛或嘴接触疫苗而导致这些器官出现损伤。

五、喷雾免疫法

喷雾免疫是操作最方便的免疫方法，局部免疫效果好，抗体上升快、高、均匀度好。但喷雾免疫对喷雾器的要求比较高，如1日龄雏鸡采用喷雾免疫时必须保证喷雾雾滴直径在100~150微米，否则雾滴过小会进入雏鸡肺内引起严重的呼吸道反应。而且喷雾免疫对所用疫苗也有比较高的要求，否则喷雾免疫的副作用会比较严重。实施喷雾免疫操作前应重点检查喷雾器，喷雾操作结束后要对机器进行彻底清洗消毒，而在下一次使用前应用蒸馏水对上述消毒后的部件反复多次冲洗，以免残留的酒精影响疫苗质量，同时也要加强对喷雾器的日常维护。喷雾免疫当天停止带鸡消毒，免疫前一天必须做好带鸡消毒工作，以净化鸡舍环境，提高免疫效果。

六、涂肛免疫法

接种传染性喉气管炎、传染性气管炎强毒苗等疫苗时，往往还会用到涂肛免疫法。先提起鸡的两脚，使鸡肛门向上，将肛门黏膜翻出，滴上 1~2 滴疫苗，或用接种刷蘸取疫苗刷 3~5 下。

第四节　免疫监测与免疫失败

一、免疫接种后的观察

疫苗和疫苗佐剂都属于异物，除了刺激机体免疫系统产生保护性免疫应答以外，或多或少地也会产生机体的某些病理反应，精神状态变差，接种部位出现轻微炎症，产蛋鸡的产蛋量下降等。反应强度随疫苗质量、接种剂量、接种途径以及机体状况而异，一般经过几个小时或 1~2 天会自行消失。活疫苗接种后还要在体内生长繁殖、扩大数量，具有一定的危险性。因此，在接种后 1 周内要密切观察鸡群反应，疫苗反应的具体表现和持续时间参看疫苗说明书，若反应较重或发生反应的鸡数量超过正常比例，需查找原因，及时处理。

二、免疫监测

在养鸡生产中，长期对血清学监测十分必要，这对疫苗选择、疫苗免疫效果的考察、免疫计划的执行非常有用。通过血清学监测，可以准确掌握疫情动态，根据免疫抗体水平科学地进行综合免疫预防。鸡群接种疫苗前后监测抗体水平十分必要，免疫后的抗体水平对疾病防御紧密相关。

1. 免疫监测的目的

接种疫苗是目前防御疫病传播的主要方法之一，但影响疫苗效果的因素是多方面的，如：疫苗质量、接种方法、动物个体差异、免疫前已经感染某种疾病、免疫时间以及环境因素等均对抗体产生有重要影响，给养鸡生产造成巨大的经济损失。因此，在接种疫苗前对母源抗体的监测及接种后是否能产生抗体或合格的抗体水平的监测和评价就具有重要的临床意义和经济意义。

通过对抗体的监测可以做到以下几点。

（1）准确把握免疫时机　如在种鸡预防免疫工作中，最值得关注的就是强化免疫的接种时机问题。在两次免疫的间隔时间里，种鸡的抗体水平会随着时间逐渐下降，而在何种水平进行强化免疫是一个令人头疼的问题。因为在过高的抗体水平进行免疫，不仅浪费疫苗，增加了经济成本，而且过高的抗体水平还会中和疫苗，影响疫苗的免疫效果，导致免疫失败；但是在较低的抗体水平进行免疫，又会出现抗体保护真空期，威胁种鸡的健康。试验结果证明，在进行禽流感疫苗免疫时，如果免疫对象的群体抗体滴度过高会导致免疫后抗体水平出现明显下降，抗体上升速度和峰滴度都难以达到期望的水平；免疫时群体抗体滴度低的群体的免疫效果较好。这一结果主要是由于过高的群体抗体滴度会中和疫苗中免疫抗原，导致免疫效果不佳和免疫失败。为达到一较好的免疫效果，应选择在群体抗体滴度较低时进行，但考虑到过低的抗体水平（<4log2）会影响到种鸡的群体安全，所以种鸡的禽流感强化免疫应选择在群体抗体滴度4~5log2时进行，这样的抗体效价会最好。

（2）及时了解免疫效果　应用本产品对疫苗免疫鸡群进行抗体检测，其80%以上结果呈阳性，预示该鸡群平均抗体水平较高，处于保护状态。

（3）及时掌握免疫后抗体动态　对鸡新城疫抗体的监测中，抗体滴度在4log2鸡群的保护率为50%左右，在4log2以上的保护率可达90%~100%；在4log2以下非免疫鸡群保护率约为9%，免疫过的鸡群约为43%。根据鸡群1%~3%比例抽样，抗体几何平均值达5~9log2，表明鸡群为免疫鸡群，且免疫效果甚佳。对种鸡的要求，新城疫抗体水平应在9log2最为理想，特别是5log2以下的鸡群要考虑加强免疫，使种鸡产生坚强的免疫抗体，才能保证种鸡群的健康发展，孵化出健壮的雏鸡；对普通成年鸡群抵抗强毒新城疫的攻击的抗体效价不应小于 6log2。

（4）种蛋检疫　卵黄抗体水平一方面能实时反映种鸡群的抗体水平及疫苗免疫效果，另一方面能为子代雏鸡免疫程序的制定提供科学依据。因此建议，有条件的养鸡场，对外购种蛋应按 0.2% 的比率抽检抗体，掌握种蛋的质量，判断子代鸡群对哪些疾病具有保护能力以及有可能引发的疾病流行状况，防止引进野毒造成疾病流行。

2. 监测抽样

随机抽样，抽样率根据鸡群大小而定，一般 10 000 羽以上鸡群按 0.5% 抽样，1 000~10 000 羽按 1% 抽样，1 000 羽以下不少于 3%。

3. 监测方法

新城疫和禽流感均可运用血凝试验（HA）和血凝抑制试验（HI）监测，具体方法参照《GB/T 16550-2008 新城疫诊断技术》和《GB/T 18936-2003 高致病性禽流感诊断技术》。

三、免疫失败的原因与注意事项

（一）免疫程序坚定不移，终生不变

有些养殖场户，自始至终使用一个固定的免疫程序，特别是在应用了几个饲养周期，自我感觉还不错的免疫程序，就一味地坚持使用。没有一个免疫程序是一成不变、一劳永逸的。制定自己鸡场合理的免疫程序，需要随时根据相应的情况加以调整。

（二）接种途径路子不对

有了好的免疫程序，更要有正确免疫接种的途径，否则仍然会造成免疫失败。呼吸道性的疫苗不用滴鼻接种，鸡痘疫苗不用翼膜刺种，该点眼接种的用注射，该注射接种的用饮水，随便改变接种途径，肯定会影响免疫效果。

鸡的免疫途径有多种，对不同的疫苗应该使用合适的途径。点眼滴鼻适用于新城疫Ⅱ系、Ⅳ系疫苗和传染性支气管炎疫苗的接种；翼下刺种适用于鸡痘疫苗；禽流感、禽霍乱等疫（菌）苗以肌内注射为好；对肉鸡群体免疫，最常用、最简便的方法就是饮水法，新城疫Ⅱ系、Ⅳ系苗，传染性支气管炎 H120 疫苗、传染性法氏囊弱毒疫苗等都可以使用饮水免疫法；气雾免疫省时省力，而且对某些与呼吸道有亲嗜性的疫苗效果最好，如鸡新城疫各系疫苗、传染性支气管炎弱毒疫苗等。

不同的免疫途径对提高肉鸡机体的免疫力有不同的效果。如，新城疫的免疫效果最好的是气雾法，其他免疫途径的效果依次是点眼法、滴鼻法、注射法、饮水法。呼吸道类传染病首免最好是滴鼻、点眼和喷雾免疫，这样既能产生较好的免疫应答又能避免母源抗体的干扰。

另外，不同的疫病由于感染门户和免疫门户不同，免疫时所采用的免疫方法也有所不同。如呼吸道病一般采用气雾、滴鼻、点眼的方法，法氏囊病一般采用消化道免疫方法，如滴口和饮水，鸡痘一般采取刺种法，等等。

不同疫苗的免疫使用途径有相对的固定性。如在一般情况下，弱毒苗多采用饮水、点眼、滴鼻、气雾、注射、刺种等途径，而油苗只能采用注射法。

（三）联合免疫相互干扰，两败俱伤

新城疫与传染性支气管炎、新城疫与鸡痘等，不同疫苗之间存在着一定的干扰现象，二者同时接种或接种时间安排不合理，就会导致相互干扰，终致免疫失败。

临床上，有些药物能够干扰疫苗的免疫应答。如肾上腺皮质激素、抗生素中的氯霉素、卡那霉素及痢特灵等，如果接种疫苗时同时使用这些药物，就能影响免疫效果。有些养鸡场户在使用病毒性疫苗时，在稀释液中加入抗菌药物，引起疫苗病毒失活，效力下降，从而导致免疫失败。

免疫接种时，不同的疫苗需要间隔 5~7 天使用；接种弱毒活苗前后各 3~5 天，停止使用抗生素，避免使用消毒药饮水，或带鸡喷雾消毒；稀释疫苗时不可加入抗菌药物。

（四）忽视应激，免疫抑制

无论采取哪种途径给鸡免疫接种，都是一种应激因素。如果在接种的同时或在相近的时间内给鸡换料、转群，就会加重应激反应，导致免疫失败。

疫苗的不正确使用，可以破坏鸡的免疫器官，从而造成免疫抑制，影响免疫效果。

为了降低接种疫苗时对鸡的应激，可在接种疫苗的前一天添加抗应激药物，如多维电解质（尤其含维生素 A、维生素 E）、复合无机盐添加剂等，也可以使用维生素 C、维生素 K 或免疫增强剂等拌料或饮水。接种后，加强饲养管理，适当提高舍温 2~3℃。

疫苗接种不是控制鸡发病的"王牌"。任何免疫接种程序都必须考虑选择合适的疫苗（包括疫苗毒株和病毒的滴度）、合适的疫苗使用途径、接种对象的日龄和恰当的接种技术。

（五）工作态度草率，敷衍塞责

接种过程中，敷衍塞责，马虎潦草。有的滴鼻、点眼时疫苗还没有滴入眼内或鼻内就将鸡放开，没有足够的疫苗进入眼内或鼻内；捉鸡时方法简单，行为粗暴，给鸡造成很大的应激；为了赶进度，漏免漏防的鸡过多；注射免疫时，针头不更换、消毒不严格，污染了细菌或病毒；饮水免疫时，疫苗的浓度配制不当，疫苗的稀释和分布不匀，用水量过多，鸡一时喝不完，或用水量过少，有些鸡尚未饮到等，都严重影响了免疫效果。

免疫操作要选择技术熟练责任心强的人员操作。使用疫苗前，要了解所选疫苗的特性、有效期、冻干瓶真空度以及运输、保存要求等，确保疫苗没有什么问题之后方能选用；疫苗在贮存过程中，要定时检测保存温度，看温度是否恒定，注意存放疫苗的冰箱是否经常停电；按照疫苗说明书上规定的稀释液稀释，稀释倍数要准确；随用随稀释，稀释后的疫苗避免高温及阳光直射，在规定的时间内用完；使用剂量一定要参照说明书使用，大群接种时，为了弥补操作过程中的损耗，应适当增加 10%~20% 的用量。

大群饲养的鸡要进行隔断，每隔段鸡数在 1 500 只左右，拦好后防止跑鸡，光线适当调得暗些，免疫操作速度要慢，保证免疫质量，防止漏免；放鸡的位置，放些装有垫料的袋子，把鸡放到袋子上，不要直接扔到地上，减少对鸡的应激；夏季免疫时尽量避开一天中最热的时间。

第四章
◀◀◀ 鸡场环境控制与杀虫灭鼠 ▶▶▶

第一节　场址选择和布局

一、场址确定与建场要求

养鸡场要建筑在背风向阳，地势高燥，排水方便，离公路、河流、村镇、居民区、工厂、学校 500 米以上的上风向，特别是距离畜禽屠宰场、肉类加工厂要远一些。

大型综合养殖场要保证生产区与生活区严格分开；原种鸡场、种鸡场、孵化厂、商品鸡场必须分开，并相距 500 米以上，各场之间应有隔离设施。兽医室、病理剖检室、病死禽焚尸炉和粪便处理场都应设在距离鸡舍 200 米外的下风向。粪便要在场外进行发酵处理。对一些中小型农产养鸡场，最好远离村镇和其他养鸡场。

养鸡场大门、生产区入口要建同门口一样宽，长是汽车轮一周半以上的消毒池。各鸡舍门口要建与门口同宽、长 1.5 米的消毒池。生产区门口还要建更衣消毒室和淋浴室。对农产养鸡场，至少应在生产区门口建一消毒池和更衣消毒室，进入鸡场前进行消毒并更换鸡场专用工作服和鞋。

鸡场周围建围墙和防疫沟，以防闲杂人员以及动物进入，鸡场应建深水井和水塔，用管道将水直接送入鸡舍。

农村小型养鸡场，限于条件，除场址选择应与以上要求相同外，其他方面不可能完全依照上述要求进行安排。但也应按照防疫要求将饲料库、育雏鸡舍、育成鸡舍、蛋鸡舍、病死鸡及粪便处理场，依次从上风向到下风向排列。控制鸡舍间距在鸡舍高度的 5 倍宽度以上。鸡场可进行适当绿化，在不影响通风的基础上，在鸡舍间种植一些树冠大、树干高的树种，同时在舍间地面种植草坪。也可在鸡舍前种植棚架植物，但对其下部枝叶应注意疏剪。这样既可以改善鸡场内小气候，起到吸尘灭菌、净化空气的作用，又可在夏天减少热辐射，降低鸡舍内温度，防止鸡中暑。鸡场周围应设围墙，并将生活区与鸡舍分开。

二、场区规划及场内布局

鸡场主要分场前区、生产区及隔离区等。场地规划时，主要考虑人、禽卫生防疫和工作方便，根据场地地势和当地全年主风向，顺序安排以上各区。

对鸡场进行总平面布置时，主要考虑卫生防疫和工艺流程两大因素。场前区中的职工生活区应设在全场的上风向和地势较高地段，生产区设在下风向和较低处，但应高于隔离区，并在其上风向。

（一）场前区

包括行政和技术办公室、饲料加工及料库、车库、杂品库、更衣消毒和洗澡间、配电房、水塔、职工宿舍、食堂等，是担负鸡场经营管理和对外联系的场区，应设在与外界联系方便的位置。大门前设车辆消毒池，两侧设门卫和消毒更衣室。

鸡场的供销运输与外界联系频繁，容易传播疾病，故场外运输应严格与场内运输分开。负责场外运输的车辆严禁进入生产区，其车棚、车库也应设在场前区。

场前区、生产区应加以隔离，外来人员最好限于在此区活动，不得随意进入生产区。

（二）生产区

1. **整体布局**

包括各种鸡舍，是鸡场的核心，因此其规划、布局应给予全面、细致的研究。

综合性鸡场最好将各种年龄或各种用途的鸡各自设立分场，分场之间留有一定的防疫距离，还可用树林形成隔离带，各个分场实行全进全出制。专业性鸡场的鸡群单一，鸡舍功能只有一种，管理比较简单，技术要求比较一致，生产过程也易于实现机械化。

为保证防疫安全，无论是专业性养鸡场还是综合性养鸡场，鸡舍的布局应根据主风方向与地势，按下列顺序设置：孵化室、幼雏舍、中雏舍、后备鸡舍、成鸡舍，也就是孵化室在上风向，成鸡舍在下风向。这样能使幼雏舍得到新鲜的空气，减少发病机会，同时也能避免由成鸡舍排出的污浊空气造成疫病传播。

孵化室与场外联系较多，宜建在靠近场前区的入口处，大型鸡场可单设孵化场，设在整个养鸡场专用道路的入口处，小型鸡场也应在孵化室周围设围墙或隔离绿化带。

育雏区或育雏分场与成年鸡区应隔一定的距离，防止交叉感染。综合性鸡场两群雏鸡舍功能相同、设备相同时，可在同一区域内培育，做到整进整出。由于种雏和商品雏繁育代次不同，必须分群分养，以保证鸡群的质量。

综合性鸡场，种鸡群和商品鸡群应分区饲养，种鸡区应放在防疫上的最优位置，两个小区中的育雏育成鸡舍又优于成年鸡的位置，而且育雏育成鸡舍与成年鸡舍的间距要大于本群鸡舍的间距，并设沟、渠、墙或绿化带等隔离障。

各小区内的饲养管理人员、运输车辆、设备和使用工具要严格控制，防止互串。各小区间既要求联系方便，又要求有防疫隔离。

2. 鸡舍布局

（1）鸡舍的排列　鸡舍排列的合理性关系到场区小气候、鸡舍的采光、通风、建筑物之间的联系、道路和管线铺设的长短、场地的利用率等。鸡舍群一般采取横向成排（东西）、纵向呈列（南北）的行列式，即各鸡舍应平行整齐呈梳状排列，不能相交。鸡舍群的排列要根据场地形状、鸡舍的数量和每幢鸡舍的长度，酌情布置为单列、双列或多列式。生产区最好按方形或近似方形布置，应尽量避免狭长形布置，以避免饲料、粪污运输距离加大，饲养管理工作联系不便，道路、管线加长，建场投资增加。

鸡舍群按标准的行列式排列与地形地势、气候条件、鸡舍朝向选择等发生矛盾时，也可将鸡舍左右、上下错开排列，但要注意平行的原则，避免各鸡舍相互交错。当鸡舍长轴必须与夏季主风向垂直时，上风行鸡舍与下风行鸡舍应左右错开呈"品"字形排列，这就等于加大了鸡舍间距，有利于鸡舍的通风；若鸡舍长轴与夏季主风方向所成角度较小时，左右列应前后错开，即顺气流方向逐列后错一定距离，也有利于通风。

（2）鸡舍的朝向 鸡舍的朝向要视地理位置、气候环境等来确定。适宜的朝向应满足鸡舍日照、温度和通风的要求。

在我国，鸡舍应采取南向或稍偏西南或偏东南为宜，冬季利于防寒保温，而夏季利于防暑降温。

这种朝向需要补充人工光照，需要注意遮光，如加长出檐、窗面涂暗等减少光照强度。如同时考虑地形、主风向以及其他条件，可以作一些朝向上的调整，向东或向西偏转15°，南方地区从防暑考虑，以向东偏转为好；北方地区朝向偏转的自由度可稍大些。

（3）鸡舍的间距 鸡舍间距的确定主要从日照、通风、防疫、防火和节约用地等方面考虑，根据具体的地理位置、气候、地形地势等因素作出。

一般防疫要求的间距应是檐高的3~5倍，开放式鸡舍应为5倍，封闭式鸡舍一般为3倍。

鸡舍南向或南偏东、偏西一定角度时，应使南排鸡舍在冬季不遮挡北排鸡舍的日照，具体计算时一般以保证在冬至日上午9时至下午15时，北排鸡舍南墙有满日照，即要求南、北两排鸡舍间距不小于南排鸡舍的阴影长度。经测算，在北京地区，鸡舍间距应为前排鸡舍高2.5倍，黑龙江的齐齐哈尔则需3.7倍，江苏地区需1.5~2倍。

鸡舍采用自然通风，且鸡舍纵墙垂直于夏季主风向，间距应为鸡舍高度的4~5倍；如风向与鸡舍纵墙有一定的夹角（30°~45°），涡风区缩小，间距可短些。一般鸡舍间距取舍高的3~5倍时，可满足下风向鸡舍的通风需要。鸡舍采用横向机械通风时，其间距因防疫需要也不应低于舍高 3 倍；采用纵向机械通风时间距可以适当缩小，1~1.5 倍即可。

防火间距取决于建筑物的材料、结构和使用特点，可参照我国建筑防火规范。鸡舍建筑一般为砖墙、混凝土或木质屋顶并做吊顶，耐火等级为二级或三级，防火间距为 8~10 米。

总之，鸡舍间距不小于鸡舍高度的 3~5 倍时，可以基本满足日照、通风、卫生防疫、防火等要求。一般密闭式鸡舍间距为10~15 米，开放式鸡舍间距约为鸡舍高度的 5 倍。

（三）隔离区

包括病死鸡隔离、剖检、化验、处理等房舍和设施、粪便污水处理及贮存设施等，是养鸡场病鸡、粪便等污物集中之处，是卫生防疫和环境保护工作的重点，该区应设在全场的下风向和地势最低处，且与其他两区的卫生间距不小于 50 米。

贮粪场的设置既应考虑鸡粪便于由鸡舍运出，又便于运到田间施用。

病鸡隔离舍应尽可能与外界隔绝，且其四周应有天然的或人工的隔离屏障，设单独的通路与出入口。病鸡隔离舍及处理病死鸡的尸坑或焚尸炉等设施，应距鸡舍 300~500 米，且后者的隔离更应严密。

（四）养鸡场的道路

生产区的道路应净道和污道分开，以利卫生防疫。净道用于生产联系和运送饲料、产品，污道用于运送粪便污物、病鸡和死鸡。场外的道路不能与生产区的道路直接相通。场前区与隔离区应分别设在与场外相通的道路。

场内道路应不透水，材料可视具体条件选择柏油、混凝土、砖、石或焦渣等，路面断面的坡度为 1%~3%。道路宽度根据用途和车宽决定，通行载重汽车并与场外相连的道路需 3.5~7 米，通行电瓶车、小型车、手推车等场内用车需 1.5~5 米，只考虑单向行驶时可取其较小值，但需考虑回车道、回车半径及转弯半径。生产区的道路一般不行驶载重车，但应考虑消防状况下对路宽、回车

和转弯半径的需要。道路两侧应留绿化和排水明沟位置。

（五）养鸡场的排水

排水设施是为排出场区雨、雪水，保持场地干燥、卫生。一般可在道路一侧或两侧设明沟，沟壁、沟底可砌砖、石，也可将土夯实做成梯形或三角形断面，再结合绿化护坡，以防塌陷。如果鸡场场地本身坡度较大，也可以采取地面自由排水，但不宜与舍内排水系统的管沟通用。隔离区要有单独的下水道，将污水排至场外的污水处理设施。

（六）场区绿化

鸡场植树、种草绿化，对改善场区小气候、净化空气和水质、降低噪声等有重要意义。规划鸡场时，须规划绿化地，其中包括防风林、隔离林、行道绿化、遮阳绿化、绿地等。

防风林应设在冬季主风的上风向，沿围墙内外设置，最好是落叶树和常绿树搭配，高矮树种搭配，植树密度可稍大些；隔离林设在各场区之间及围墙内外，应选择树干高、树冠大的乔木；行道绿化是指道路两旁和排水沟边的绿化，起到路面遮阳和排水沟护坡的作用；遮阳绿化一般设于鸡舍南侧和西侧，起到为鸡舍墙、屋顶、门窗遮阳的作用；绿地绿化是指鸡场内裸露地面的绿化，可植树、种花、种草，也可种植有饲用价值或经济价值的植物，将绿化与养鸡场的经济效益结合起来。

国内外一些集约化的养殖场尤其是种禽场为了确保卫生防疫安全有效，场区内不种一棵树，其目的是不给鸟儿有栖息之处，以防病原微生物通过鸟粪等杂物在场内传播，继而引起传染病。场区内除道路及建筑物之外全部铺种草坪，仍可起到调节场区内小气候、净化环境的作用。

三、鸡舍环境控制设施设计

适宜的鸡舍小气候和饲养密度对保证鸡群正常发育，增强鸡的抗病能力，提高其生产性能至关重要。

1. 适宜的温湿环境设计

适宜的温湿环境既可以提高鸡群的饲料转化率，又可以防止环境应激所造成的不利影响。鸡不同的生长阶段，对温湿度的要求也有所不同。对于雏鸡，由于其体温调节机能要到 20 日龄后才渐趋完善，故育雏阶段主要是保温、保湿，但也应防止煤气中毒和空气污浊诱发支原体病、大肠杆菌病的发生。实践证明，鸡白痢的发生率与育雏最初两周的温湿度关系密切，温度过低或湿度过高都会使发病率大大增加。而育雏室的空气条件差，往往会使鸡群在 1 周龄后即发生支原体病，表现为流眼泪和轻度咳嗽，这种现象在秋、冬、春季表现尤为突出。育雏期间鸡舍适宜的温湿度及高低极限值见表 4-1。

表 4-1　育雏期的适宜温度、湿度及高低极限值

周龄	0	1~3 天	2	3	4	5	6
适宜温度（℃）	33~35	30~33	28~30	26~28	24~26	21~24	18~21
极限温度（℃）高	38.5	37	34.5	33	31	30	29.5
低	27.5	21	17	14.5	12	10	8.5
适宜湿度（%）	70	70	70	65	65	60	60
极限湿度（%）高	75	75	75	75	75	75	75
低	40	40	40	40	40	40	40

对于育成鸡和产蛋鸡，在一般饲养条件下，适宜的温度范围为 13~23℃，湿度范围为 60%~65%。气温过高、过低对鸡的生长和生产性能都会造成不良影响，甚至成为诱发某些疾病的因素。高温条件下，青年母鸡性成熟延迟，疫苗免疫效果降低，免疫有效期缩短；成年母鸡产蛋率下降，蛋壳品质降低，甚至引起中暑而大批死亡。有资料显示，气温高达 33℃持续数日，在未采取有效防热应激措施的鸡场，产蛋率由 90% 左右平均下降到 65% 左右。另外，高温、高湿条件下有利于病原微生物的繁殖，从而通过饲料、饮水、垫料等途径感染鸡群，加上热应激的影响，极易造成胃肠道

菌群平衡破坏，诱发肠道疾病。这也是夏季、秋初细菌性疾病、寄生虫病发病率较高的原因所在。在低温条件下主要造成饲料利用率降低、产蛋率下降，特别是气温突然下降或持续低温下影响尤为明显，有时甚至会诱发某些传染病，如传染性支气管炎。故冬季应注意保温和通风兼顾，这样才能提高鸡群的饲料转化率，充分发挥鸡的生产性能。

因此，北方地区建造鸡舍时，可在墙体中间层加入保温隔热材料或在墙壁外表面贴上保温隔热板，舍内设计燃煤热风炉、燃气热风炉或暖气供暖；育雏阶段用电热育雏伞、育雏器或燃煤炉供温。炎热的夏季可利用通风设施和水帘降温加湿。

2. 通风换气设计

鸡体温高，代谢旺盛，呼吸频率高，呼吸时排出大量的二氧化碳，加上鸡舍内垫料、粪便发酵所排出的有害气体（如氨气、硫化氢、甲烷、粪臭素等），以及空气中的尘埃和微生物，容易诱发鸡群发病，如造成鸡的结膜炎、支气管炎、败血支原体等疾病的发生，提高肉鸡腹水症的发病率。所以在勤清粪的基础上，必须通风换气，使鸡舍内空气中氨气的浓度在 20 微升 / 升以下，硫化氢的浓度在 25 微升 / 升以下，二氧化碳的浓度在 1500 微升 / 升以下，一般以人进入鸡舍后无憋闷、刺眼、刺鼻感为宜。

通风换气除可起到上述排污作用之外，还可保证舍内空气流通，调整鸡舍温度，使鸡舍内环境均匀一致。在夏季，保持一定的通风量，可以在鸡体周围形成气流，有利于体热的散失，减少中暑的发病率。

鸡舍的通风方式有自然通风和机械通风两种。根据房舍的类型和当地的气候环境设计通风设施，可单独设计和利用机械通风，或机械通风和自然通风相结合，不要单独设计和利用自然通风。进风口和出风口设计要合理，防止出现死角和贼风等恶劣的小气候。

自然通风按风向在侧墙设计一定数量、大小和适宜高度的通风窗口，在通风窗口上装置卷帘或活动窗。在保障通风的同时，通风窗口还要有利于采光及其他各项卫生措施的落实。在自然通风的鸡舍跨度以 6~7.5 米为宜，最大不要超过 9 米。夏季舍内外温差较小的地区，在房顶设计通风筒是必要的，风筒设计要高出屋顶 60~100 厘米，上面要设置遮雨风帽，风筒的舍内部分也不应小于 60 厘米。为了便于调节，其内应安装保温调节板，便于随时启闭。

机械通风是在山墙、侧墙或屋脊装置风机，靠机械动力强制进行鸡舍内外空气的交换。一般采用纵向通风方式，排风机全部集中在鸡舍污道一端的山墙上或山墙附近的两侧墙上，进风口则开在净道端的上墙上或山墙附近的两侧墙上，使进入鸡舍的空气均沿鸡舍纵轴流动，由风机将舍内污浊的空气排出舍外。

通风量应按鸡舍夏季最大通风值设计、计算风机的排气量，安装风机时最好大、小风机结合，以适应不同季节的需要。过长的鸡舍，为了使舍内通风均匀，可在鸡舍中间两侧墙上加开进风口。

3. 光照设计

光照是一切生物生长发育和繁殖所必需的。合理的光照制度和光照强度不但可以促进家禽的生长发育，提高机体的免疫力和抗病能力，而且对家禽的生殖功能起着极为重要的作用，可使青年鸡适时达到性成熟，并适时开产，维持产蛋鸡稳定的高产性能。光照强度过大，易引起鸡群骚动不安、神经质和啄癖等现象；光照强度和光照时间的突然变化，会引起产蛋率大幅度下降；光照不足则造成青年鸡生殖系统发育延迟，产蛋鸡产蛋率降低，蛋壳强度下降，并出现瘫鸡。

光照设计采用自然光照和人工光照相结合，整个鸡舍光照要均匀一致。自然光照的强度取决于窗户面积，人工光照可以补充自然光照的不足，一般采用电灯作为光源，根据不同日龄鸡的光照要求和不同季节的自然光照时间进行控制。

4. 排污设计

排污设计主要是清粪设施，目前规模化鸡场一般都采用机械清粪设施，有牵引式刮板清粪机和传送带式清粪装置。

粪便清出后集中堆积到堆粪场，生物发酵成有机肥还田利用，也可作沼气原料。堆粪场设在生产区较远下风口，用专用车辆经污道运送，运送后车辆进行彻底消毒。

第二节　杀虫、灭鼠和控制鸟类

鸡场进行杀虫、灭鼠以消灭传染媒介和传染源，也是防疫的一个重要内容。鸡舍附近的垃圾、污水沟、乱草堆常是昆虫、老鼠滋生的场所，因此要经常清除垃圾、杂物和乱草堆，搞好鸡舍外的环境卫生，对预防某些疫病具有十分重要的实际意义。

一、杀虫

某些节肢动物如蚊、蝇、虻等和体外寄生虫如螨、虱、蚤等生物，不但骚扰正常的鸡，影响生长和产蛋，而且还携带病原体，直接或间接传播疾病。因此，要设法杀灭。

杀虫先做好灭蚊蝇工作。保持鸡舍的良好通风，避免饮水器漏水，经常清除粪尿，减少蚊蝇繁殖的机会。

使用蝇毒磷（0.02%~0.05%）等杀虫药，每月在鸡舍内外和蚊蝇滋生的场所喷洒2次。黑光灯是一种专门用来灭蝇的装于特制的金属盒里的电光灯，灯光为紫色，苍蝇有趋向这种光的特性，而向黑光灯飞扑，当它触及带有负电荷的金属网即被电击而死。

二、灭鼠

老鼠在藏匿条件好、食物充足的情况下，每年可产6~8窝幼仔，每窝4~8只，一年可以猛增几十倍，繁殖速度快得惊人。养鸡场的小气候适于鼠类生长，众多的管道孔穴为老鼠提供了躲藏和居住的条件，鸡的饲料又为它们提供了丰富的食物，因而一些对鼠类失于防范的鸡场，往往老鼠很多，危害严重。养鸡场的鼠害主要表现在四个方面：一是咬死咬伤鸡苗；二是偷吃饲料，咬坏设备；三是传播疾病，老鼠是鸡新城疫、球虫病、鸡慢性呼吸道病等许多疾病的传播者；四是侵扰鸡群，影响鸡的生长发育和产蛋，甚至引起应激反应使鸡死亡。

1. 建鸡场时要考虑防鼠设施

墙壁、地面、屋顶不要留有孔穴等鼠类隐蔽处所，水管、电线、通风孔道的缝隙要塞严，门窗的边框要与周围接触严密，门的下缘最好用铁皮包边，水沟口、换气孔要安装孔径小于3厘米的铁丝网。

2. 随时注意防止老鼠进入鸡舍

发现防鼠设施破损要及时修理。鸡舍不要有杂物堆积。出入鸡舍随手关门。在鸡舍外留出至少2米的开放地带，便于防鼠。因为鼠类一般不会穿越如此宽的空间，不能无限度地扩大两栋鸡舍间的植物绿化带。鸡舍周围不种植植被或只种植低矮的草，这样可以确保老鼠无处藏身。清除场区的草丛、垃圾，不给老鼠留有藏身条件。

3. 断绝老鼠的食源、水源

饲料要妥善保管，喂鸡抛撒的饲料要随时清理，切断老鼠的食源、水源。投饵灭鼠。

4. 灭鼠

灭鼠要采取综合措施，使用捕鼠夹、捕鼠笼、粘鼠胶等捕鼠方法和应用杀鼠剂灭鼠。

杀鼠剂可选用敌鼠钠盐、杀鼠灵等。其中敌鼠钠盐、杀鼠灵对鸡毒性较小，使用比较安全。毒饵要投放在老鼠出没的通道，长期投放效果较好。

三、控制鸟类

鸟类与鼠类相似，不但偷食饲料、骚扰动物，还能传播大量疫病，如口蹄疫、新城疫、流感等。控制鸟类对防治传染病有重要意义，主要措施是在圈舍的窗户、换气孔等处安装铁丝网或纱窗，以防止各种鸟的侵入。

第五章

◀◀◀◀鸡场防疫管理与药物预防▶▶▶▶

第一节　抓好防疫管理

一、制定并执行严格的防疫制度

完善的防疫制度的制定和可靠执行是衡量一个鸡场饲养管理水平的关键，也是有效防止鸡病流行的主要手段之一。因此建议养鸡场在防疫制度方面应做到以下几点：① 订立具体的兽医防疫卫生制度并明文张贴，作为全场工作人员的行为准则。② 生产区门口设消毒池，其中消毒液应及时更换，进入鸡场要更换专门工作服和鞋帽，经消毒池消毒后，方可进入。③ 鸡场谢绝参观，不可避免时，应严格按防疫要求消毒后方可进入；农家养鸡场应禁止其他养殖户、鸡蛋收购商和死鸡贩子进入鸡场；病鸡和死鸡经疾病诊断后应深埋，并做好消毒工作，严禁销售和随处乱丢。④ 车辆和循环使用的集蛋箱、蛋盘进入鸡场前应彻底消毒，以防带入疾病，最好使用1次性集蛋箱和蛋盘。⑤ 保持鸡舍的清洁卫生，饲槽、饮水器应定期清洗，勤清鸡粪，定期消毒。保持鸡舍空气新鲜，光照、通风、温湿度应符合饲养管理要求。⑥ 进鸡前后和雏鸡转群前后，鸡舍及用具要彻底清扫、冲洗及消毒，并空置一段时间。⑦ 定期进行鸡场环境消毒和鸡舍带鸡消毒，通常每周可进行2～3次消毒，疫病发生期间，每天带鸡消毒1次。⑧ 重视饲料的贮存和日粮的全价性，防止饲料腐败变质，供给全价日粮。⑨ 适时进行药物预防，并根据本场病例档案和当地疾病的流行情况，制定适于本场的免疫程序，选用可靠的疫苗进行免疫。⑩ 清理场内卫生死角，消灭老鼠、蚊蝇，清除蚊、蝇滋生地。

二、采取"自繁自养"和"全进全出"的饲养制度

所谓"自繁自养"，就是指一个规模饲养场除了种鸡需要从场外引进以更换淘汰的种鸡外，所有饲养的鸡均由本场自己繁殖、孵化、培育。这种饲养方式可以阻断因频繁引进苗鸡而带入疫病的传染途径，同时也能因种鸡、苗鸡自养而降低生产成本。采用这一方式的前提是，养鸡场规模较大，饲养者必须具备饲养种鸡和苗鸡孵化的条件和技术。采用此方式的生产资本投入较大，对饲养管理人员文化科技素质要求高。

"全进全出"的饲养制度是有效防止疾病传播的措施之一。"全进全出"使得鸡场能够做到净场和充分的消毒，切断了疾病传播的途径，从而避免患病鸡只或病原携带者将病原传染给日龄较小的鸡群。当前有些地区农村养鸡场多，有的村庄养鸡数量可达几十万只。各养殖户各自为政，很难进行统一的防疫和管理，这可能是近年来疾病流行较为严重的原因之一。

三、保证雏鸡质量

高质量的雏鸡是保证鸡群具有较好的生长和生产性能的关键，因此应从无传染病、种鸡质量好、鸡场防疫严格、出雏率高的鸡场进雏鸡。同一批入孵、按期出雏、出雏时间集中的雏鸡成活率高，易于饲养。从外观上要选择绒毛光亮，喙、腿、趾水灵，大小一致，出生重符合品种要求的雏鸡。检查雏鸡时，腹部柔软，卵黄吸收良好，脐部愈合完全，绒毛覆盖整个腹部则为健雏。若腹大、脐部有出血痕迹或发红呈黑色、棕色或钉脐者，腿、喙、眼干燥有残疾者均应淘汰。

进雏前应将鸡舍温度调到33℃左右，并注意通风换气，以防煤气中毒。进雏后应做好雏鸡的开食开饮工作。一般在出壳后24小时左右开始饮水，这样有利于促进胃肠蠕动、蛋黄吸收和排除胎粪，增进食欲，利于开食。初饮水中应加入5%的葡萄糖，同时加

抗生素、多维电解质水溶粉，饮足12小时。一般开始饮水3小时后即可开食，注意开始就供给全价饲料，以防出现缺乏症。

四、搞好饲料原料质量检测

把好饲料原料质量关是保证供给鸡群全价营养日粮、防止营养代谢病和霉菌毒素中毒病发生的前提条件。大型集约化养鸡场可将所进原料或成品料分析化验之后，再依据实际含量进行饲料的配合，严防购入掺假、发霉等不合格的饲料。小型养鸡场和专业户最好从信誉高、有质量保证的大型饲料企业采购饲料。自己配料的养殖户，最好能将所用原料送质检部门化验后再用，以免造成不可挽回的损失。

五、避免或减轻应激

多种因素均可对鸡群造成应激，其中包括捕捉、转群、断喙、免疫接种、运输、饲料转换、无规律的供水供料等生产管理因素以及饲料营养不平衡或营养缺乏、温度过高或过低、湿度过大或过小、不适宜的光照、突然的音响等环境因素。实践中应尽可能通过加强饲养管理和改善环境条件，避免和减轻上述应激对鸡群的影响，防止应激造成鸡群免疫效果不佳、生产性能和抗病能力降低。如不可避免应激时，可于饲料或饮水中添加维生素C（每吨饲料中加入100~200克）或抗应激制剂（如每吨饲料添加0.1%的琥珀酸盐或0.2%的延胡索酸），也可以用多维电解质饮水，以减轻应激对鸡群的影响。

根据本场或本地区传染病发生的规律性，定期地使用药物预防和疫苗接种是预防疾病发生的主要手段之一，但应杜绝滥用或盲目用药或疫苗，以免造成不良后果。

六、淘汰残次鸡，优化鸡群素质

鸡群中的残次个体，不但没有生产价值或生产价值不大，而且往往带菌（或病毒），是疾病的传染源之一。因此，淘汰残次鸡，一方面可以维护整群鸡的健康，另一方面又可以降低饲料消耗，提高整个鸡群的整齐度和生产水平。这些残次个体包括发育不良鸡、病鸡、有疾病后遗症的鸡、低产或停产鸡等。

七、建立完善的病例档案

病例档案是鸡场赖以制定合理的药物预防和免疫接种程序的重要依据，也是保证鸡场今后防疫顺利进行的重要参考资料。病例档案应包括以下内容：① 引进鸡的品种、时间、入舍鸡数和种鸡场联系地址。② 所使用的免疫程序、疫苗来源，已进行的药物预防的时间、药物种类。③ 发生疾病的时间、病名、病因、剖检记录、发病率、死淘率及紧急处理措施。

八、认真检疫

检疫是指用各种诊断方法对禽类及其产品进行疫病检查，及时发现病禽，采取相应措施，防止疫病的发生和传播。作为鸡场，检疫的主要任务是杜绝病鸡入场，对本场鸡群进行监测，及早发现疫病，及时采取控制措施。

1. 引进鸡群和种蛋的检疫

从外面引进雏鸡或种蛋时，必须了解该种鸡场或孵化场的疫情和饲养管理情况，要求无垂直传播的疾病，如白痢、霉形体病等。有条件的进行严格的血清学检查，以免将病带入场内。进场后严格隔离观察，一旦发现疫情立即进行处理。只有通过检疫和消毒，隔离饲养 20~30 天确认无病才准进入鸡舍。

2. 平时定期的检疫与监测

对危害较大的疫病，根据本场情况应定期进行监测。如常见的鸡新城疫、产蛋下降综合征可采用血凝抑制试验检测鸡群的抗体水平；马立克氏病、传染性法氏囊病、禽霍乱采用琼脂扩散试验检测；鸡白痢可采用平板凝集法和试管凝集法进行检测。种鸡群的检疫更为重要，是鸡群净化的一个重要步骤，如对鸡白痢的定期检疫，发现阳性鸡立即淘汰，逐步建立无白痢的种鸡群。除采血进行监测之外，有实验室条件的，还可定期对网上粪便、墙壁灰尘抽样进行微生物培养，检查病原微生物的存在与否。

3. 有条件的可对饲料、水质和舍内空气监测

每批购进的饲料，除对饲料能量、蛋白质等营养成分检测外，还应对其含沙门氏菌、大肠杆菌、链球菌、葡萄球菌、霉菌及其有毒成分检测；对水中含细菌指数的测定；对鸡舍空气中含氨气、硫化氢和二氧化碳等有害气体的浓度的测定等。

第二节　搞好药物预防

在我国饲养环境条件下，免疫和环境控制虽然是预防与控制疾病的主要手段，但在实际生产中，还存在着许多可变因素，如季节变化、转群、免疫等因素容易造成鸡群应激，导致生产指标波动或疾病的暴发。因此在日常管理中，养殖户需要通过预防性投药和针对性治疗，以减少条件性疾病的发生或防止继发感染，确保鸡群高产、稳产。

一、用药目的

1. 预防性投药

当鸡群存在以下应激因素时需预防性投药。

（1）环境应激　季节变换，环境突然变化，温度、湿度、通风、光照突然改变，有害气体超标等。

（2）管理应激　包括限饲、免疫、转群、换料、缺水、断电等。

（3）生理应激　雏鸡抗体空白期、开产期、产蛋高峰期等。

2. 条件性疾病的治疗

当鸡群因饲养管理不善，发生条件性疾病时，如大肠杆菌病、呼吸道疾病、肠炎等，及时有针对性地投放敏感药物，使鸡群在最短时间内恢复健康。

3. 控制疾病的继发感染

任何疫病都是严重的应激危害因素，可诱发其他疾病同时发生。如鸡群发生病毒性疾病、寄生虫病、中毒性疾病等，易造成抵抗力下降，容易继发条件性疾病，此时通过预防性药物可有效降低损失。

二、药物的使用原则

1. 预防为主、治疗为辅

要坚持预防为主的原则。制定科学的用药程序，搞好药物预防、驱虫等工作。有的传染病只能早期预防，不能治疗，要做到有计划、有目的地适时使用疫（菌）苗预防，及时搞好疫（菌）苗的免疫注射，搞好疫情监测。尽量避免蛋鸡发病用药，确保鸡蛋健康安全、无药物残留。必要时可添加作用强、代谢快、毒副作用小、残留低的药品和添加剂，或以生物制剂作为治病的药品，控制疾病的发生发展。

坚持治疗为辅的原则。确需治疗时，在治疗过程中要做到合理用药、科学用药、对症下药、适度用药，只能使用通过认证的兽药和饲料厂生产的产品，避免产生药物残留和中毒等不良反应。尽量使用高效、低毒、无公害、无残留的"绿色兽药"，不得滥用。

2. 确切诊断，正确掌握适应症

对于养鸡生产中出现的各种疾病要正确诊断，了解药理，及时治疗，对因对症下药，标本兼治。目前养鸡生产中的疾病多为混合感染，极少是单一疾病，因此用药时要合理联合用药，除了用主药，还要用辅药，既要对症，还要对因。

对那些不能及时确诊的疾病，用药时应谨慎。目前鸡病多、复杂，疾病的临床症状、病理变化越来越不典型，混合感染、继发感染增多，很多病原发生抗原漂移、抗原变异，病理材料无代表性，加上经验不足等原因，鸡群得病后不能及时确诊的现象比较普遍。在这种情况下应尽量搞清是细菌性、病毒性、营养性还是其他原因导致的疾病，只有这样才能在用药时不会出现较大偏差。在没有确诊时用药时间不宜过长，用药 3~4 天无效或效果不明显时，应尽快停（换）药进行确诊。

3. 适度剂量，疗程要足

剂量过小，达不到预防或治疗效果；剂量过大，造成浪费、增加成本、药物残留、中毒等；同一种药物不同的用药途径，其用药剂量也不同；同一种药物用于治疗的疾病不同，其用药剂量也应不同。用药疗程一般 3~5 天，一些慢性疾病，疗程应不少于 7 天，以防复发。

4. 用药方式不同，其方法不同

饮水给药要考虑药物的溶解度、鸡的饮水量、药物稳定性和水质等因素，给药前要适当停水，有利于提高疗效；拌料给药要采用逐级稀释法，以保证混合均匀，以免局部药物浓度过高而导致药物中毒。同时注意交替用药或穿梭用药，以免产生耐药性。

5. 注意并发症，有混合感染时应联合用药

现代鸡病的发生多为混合感染，并发症比较多，在治疗时经常联合用药，一般使用两种或两种以上药物，以治疗多种疾病。如治疗鸡呼吸道疾病时，抗生素应结合抗病毒的药物同时使用，效果更好。

6. 根据不同季节、日龄与发育特点合理用药

冬季防感冒、夏季防肠道疾病和热应激。夏季饮水量大，饮水给药时要适当降低用药浓度；而采食量小，拌料给药时要适当增加用药浓度。育雏、育成、产蛋期要区别对待，选用适宜不同时期的药物。

7. 接种疫苗期间慎用免疫抑制药物

在免疫期间，有些药物能抑制鸡的免疫效果，应慎用，如磺胺类、四环素类、甲砜霉素等。

8. 用药时辅助措施不可忽视

用药时还应加强饲养管理，因许多疾病是因管理不善造成的条件性疾病，如大肠杆菌病、寄生虫病、葡萄球菌病等。在用药的同时还应加强饲养管理，搞好日常消毒工作，保持良好的通风，适宜

的密度、温度和光照，只有这样才能提高总体治疗疗效。

9. 根据养鸡生产的特点用药

禽类对磺胺类药的平均吸收率较其他动物要高，故不宜用量过大或时间过长，以免造成肾脏损伤。禽类缺乏味觉，故对苦味药、食盐颗粒等照食不误，易引起中毒。禽类有丰富的气囊，气雾用药效果更好。禽类无汗腺，用解热镇痛药抗热应激，效果不理想。

10. 对症下药的原则

不同的疾病用药不同，同一种疾病也不能长期使用同一种药物进行治疗，最好通过药敏试验有针对性地投药。

同时，要了解目前临床上常用药和敏感药。目前常用药物有抗大肠杆菌、沙门氏菌药；抗病毒药；抗球虫药等，选择药物时应根据疾病类型有针对性使用。

三、常用的给药途径及注意事项

1. 拌料给药

给药时可采用分级混合法，即把全部的用药量拌加到少量饲料中（俗称"药引子"），充分混匀后再拌加到计算所需的全部饲料中，最后把饲料来回折翻最少 5 次，以达到充分混匀的目的。

拌料给药时，严禁将全部药量一次性加入到所需饲料中，以免造成混合不匀而导致鸡群中毒或部分鸡只吃不到药物。

2. 饮水给药

选择可溶性较好的药物，按照所需剂量加入水中，搅拌均匀，让药物充分溶解后饮水。对不容易溶解的药物可采用适当加热或搅拌的方法，促进药物溶解。

饮水给药方法简便，适用于多数药物，特别是能发挥药物在胃肠道内的作用，药效优于拌料给药。

3. 注射给药

分皮下注射和肌内注射两种。药物吸收快，血药浓度迅速升高，进入体内的药量准确，但容易造成组织损伤、疼痛、潜在并发症、不良反应出现迅速等，一般用于全身性感染疾病的治疗。

但应当注意，刺激性强的药物不能做皮下注射；药量多时可分点注射，注射后最好用手对注射部位轻度按摩；多采用腿部肌内注射，肌注时要做到轻、稳、不宜太快，用力方向应与针头方向一致，勿将针头刺入大腿内侧，以免造成瘫痪或死亡。

4. 气雾给药

将药物溶于水中，并用专用的设备进行气化，通过鸡的自然呼吸，使药物以气雾的形式进入体内。适用于呼吸道疾病给药，对鸡舍环境条件要求较高；适合于急慢性呼吸道病和气囊炎的治疗。

因呼吸系统表面积大，血流量多，肺泡细胞结构较薄，故药物极易吸收，特别是可以直接进入其他给药途径不易到达的气囊。

第三节　发生传染病时的紧急处置

传染病的一个显著特点是具有潜伏期，病程的发展有一个过程。由于鸡群中个体体质的不同，感染的时间也不同，临床症状表现得有早有晚，总是部分鸡只先发病，然后才是全群发病。因此，饲养人员要勤于观察，一旦发现传染病或疑似传染病，需尽快进行紧急处理。

一、封锁、隔离和消毒

一旦发现疫情，应立即隔离病鸡或疑似病鸡，指派专人管理，同时向养鸡场所有人员通报疫情，并要求所有非必须人员不得进入疫区和在疫区周围活动。严禁饲养员在隔离区和非隔离区之间来往，使疫情不致扩大，有利于将疫情限制在最小范围内就地消灭。在隔离的同时，一方面立即采取消毒措施，对鸡场门口、道路、鸡舍门口、鸡舍内及所有用具都要彻底消毒，对垫草和粪便也要彻底消毒，对病死鸡要做无害化处理；另一方面要尽快作出诊断，以便尽早采取治疗或控制措施。最好请兽医师到现场诊断，本场不能确诊时，应将刚死或濒死期的鸡放在严密的容器中，送有关单位确诊。当确诊或怀疑为严重疫情时，应立即向当地兽医部门报告，必要时采取封锁措施。

治疗期间最好每天消毒 1 次。病鸡治愈或处理后，再经过一个该病的潜伏期的时限，并再进行 1 次全面的大消毒，之后才能解除隔离和封锁。

二、紧急接种

在确诊的基础上，为了迅速控制和扑灭疫病，应对疫区和受威胁区的鸡群进行应急性的接种，即紧急接种。紧急接种的对象包括：有典型症状或类似症状的鸡群；未发现症状，但与病鸡及其污染环境有过直接或间接接触的鸡群；与病鸡同场或距离较近的其他易感鸡群。接种时最好做到勤换针头，也可将数十个针头浸泡在刺激性较小的消毒液（如 0.2% 的新洁尔灭）中，轮换使用。紧急接种包括疫苗紧急接种和被动免疫接种。

1. 疫苗紧急接种

实践证明，利用弱毒或灭活苗对发病鸡群或可疑鸡群进行紧急免疫，对提高机体免疫力、防御环境中病原微生物的再感染具有良好效果。如用Ⅳ系弱毒苗饮水，或同时用鸡新城疫油乳剂灭活苗皮下注射，对发生新城疫的鸡群紧急接种是临床上常用的方法。

2. 被动免疫接种（免疫治疗）

这是一种特异性疗法，是采用某种含有特异性抗体的生物制品，如高免血清、高免卵黄等针对特定的病原微生物进行治疗。其最大的优点是：对病鸡有治疗作用，对健康鸡有预防作用，如利用高免血清或高免卵黄治疗鸡传染性法氏囊炎。其缺点有：外源性抗体在体内消失较快，一般 7~10 天仍需进行免疫；有通过高免血清或卵黄携带潜在病原的可能。因此免疫治疗只能作为防病治病的应急措施，不能因此而忽略其他的预防措施。

3. 药物治疗

治疗的重点是病鸡和疑似病鸡，但对假定健康鸡的预防性治疗亦不能放松。治疗应在确诊的基础上尽早进行，这对及时消灭传染

病、阻止其蔓延极为重要，否则会造成严重后果。

有条件时，在采用抗生素或化学药品治疗前，最好先进行药敏实验，选用抑菌效果最好的药物，并且首次剂量要大，这样效果较好。

也可利用中草药治疗。不少中草药对某些疫病具有相当好的疗效，而且不产生耐药性，无毒、副作用，现已在鸡病防治中占相当地位。

4. 护理和辅助治疗

鸡在发病时，由于体温升高、精神呆滞、食欲降低、采食和饮水减少，造成病鸡摄入的蛋白质、糖类、维生素、矿物质水平等低于维持生命和抵御疾病所需的营养需要。因此必要的护理和辅助治疗有利于疾病的转归。

① 可通过适当提高舍温、勤在鸡舍内走动、勤搅拌料槽内饲料、改善饲料适口性等方面促进鸡群采食和饮水。

② 依据实际情况，适当改善饲料中营养物质的含量或在饮水中添加额外的营养物质。如适当增加饲料中能量饲料（如玉米）和蛋白质饲料的比例，以弥补食欲降低所减少的摄入量；增加饲料中维生素 A、维生素 C 和维生素 E 的含量，对于提高机体对大多数疾病的抵抗力均有促进作用；增加饲料维生素 K 对各种传染病引起的败血症和球虫病等引起的肠道出血都有极好的辅助治疗作用；另外在疾病期间家禽对核黄素的需求量可比正常时高 10 倍，对其他 B 族维生素（烟酸、泛酸、维生素 B_1、维生素 B_{12}）的需要量为正常的 2~3 倍。因此在疾病治疗期间，适当增加饲料中维生素或在饮水中添加一定量的速补 –14 或其他多维电解质一类的添加剂极为必要。

附录

药物稀释时溶液量的计算

药物稀释时，溶液量的计算公式是：浓度（%）＝（溶质 ÷ 溶液）× 100。

例如，现在购买的葡萄糖都是 50% 20 毫升支装的，现在要配成 5% 的葡萄糖，问需要加入多少毫升水？

设把一支 50% 的 20 毫升支装的葡萄糖液倒入较大容器中，配成 5% 的溶液，需要加入 x 毫升水。x 可以通过以下方法计算：

{（20 毫升 × 50%）÷（x+20 毫升）}× 100%=5%，经计算得 x=180 毫升，即向容器中倒入 180 毫升水。当然两支就要加入 180 毫升 × 2=360 毫升水，依此类推。

◄◄◄ 参考文献 ►►►

1. 詹丽娥，等．养鸡防疫消毒实用技术 [M]. 北京：金盾出版社，2012.

2. 贾志江，等．鸡场防疫消毒技术图解 [M]. 北京：金盾出版社，2014.

3. 李连任．轻松学鸡病防制 [M]. 北京：中国农业科学技术出版社，2014.